新一代人工智能 2030 全景科普丛书

智慧能源

沈 萌 魏一鸣 主编 ····◉

科学技术文献出版社
SCIENTIFIC AND TECHNICAL DOCUMENTATION PRESS
·北京·

图书在版编目（CIP）数据

智慧能源 / 沈萌，魏一鸣主编. —北京：科学技术文献出版社，2021.12
（新一代人工智能2030全景科普丛书 / 赵志耘总主编）
ISBN 978-7-5189-8859-4

Ⅰ.①智…　Ⅱ.①沈…　②魏…　Ⅲ.①智能技术—应用—能源　Ⅳ.① TK–39

中国版本图书馆 CIP 数据核字（2021）第 267233 号

智慧能源

策划编辑：崔　静　责任编辑：韩　晶　责任校对：文　浩　责任出版：张志平

出　版　者	科学技术文献出版社	
地　　　址	北京市复兴路15号　邮编　100038	
编　务　部	(010) 58882938，58882087（传真）	
发　行　部	(010) 58882868，58882870（传真）	
邮　购　部	(010) 58882873	
官 方 网 址	www.stdp.com.cn	
发　行　者	科学技术文献出版社发行　全国各地新华书店经销	
印　刷　者	北京时尚印佳彩色印刷有限公司	
版　　　次	2021 年 12 月第 1 版　2021 年 12 月第 1 次印刷	
开　　　本	710×1000　1/16	
字　　　数	145千	
印　　　张	11.25	
书　　　号	ISBN 978–7–5189–8859–4	
定　　　价	48.00元	

总　序

　　人工智能是指利用计算机模拟、延伸和扩展人的智能的理论、方法、技术及应用系统。人工智能虽然是计算机科学的一个分支，但它的研究跨越计算机学、脑科学、神经生理学、认知科学、行为科学和数学，以及信息论、控制论和系统论等许多学科领域，具有高度交叉性。此外，人工智能又是一种基础性的技术，具有广泛渗透性。当前，以计算机视觉、机器学习、知识图谱、自然语言处理等为代表的人工智能技术已逐步应用到制造、金融、医疗、交通、安全、智慧城市等领域。未来随着技术不断迭代更新，人工智能应用场景将更为广泛地渗透到经济社会发展的方方面面。

　　人工智能的发展并非一帆风顺。自 1956 年在达特茅斯夏季人工智能研究会议上人工智能概念被首次提出以来，人工智能经历了 20 世纪 50—60 年代和 80 年代两次浪潮期，也经历过 70 年代和 90 年代两次沉寂期。近年来，随着数据爆发式的增长、计算能力的大幅提升及深度学习算法的发展和成熟，当前已经迎来了人工智能概念出现以来的第三个浪潮期。

　　人工智能是新一轮科技革命和产业变革的核心驱动力，将进一步释放历次科技革命和产业变革积蓄的巨大能量，并创造新的强大引擎，重构生产、分配、交换、消费等经济活动各环节，形成从宏观到微观各领域的智能化新需求，催生新技术、新产品、新产业、新业态、新模式。2018 年麦肯锡发布的研究报告显示，到 2030 年，人工智能新增经济规模将达 13 万亿美元，其对全球经济增长的贡献可与其他变革性技术如蒸汽机相媲美。近年来，世界主要发达国家已经把发展人工智能作为提升其国家竞争力、维护国家安全的重要战略，并进行针对性布局，力图在新一轮国际科技竞争中掌握主导权。

德国 2012 年发布十项未来高科技战略计划，以"智能工厂"为重心的工业 4.0 是其中的重要计划之一，包括人工智能、工业机器人、物联网、云计算、大数据、3D 打印等在内的技术得到大力支持。英国 2013 年将"机器人技术及自治化系统"列入了"八项伟大的科技"计划，宣布要力争成为第四次工业革命的全球领导者。美国 2016 年 10 月发布《为人工智能的未来做好准备》《国家人工智能研究与发展战略规划》两份报告，将人工智能上升到国家战略高度，为国家资助的人工智能研究和发展划定策略，确定了美国在人工智能领域的七项长期战略。日本 2017 年制定了人工智能产业化路线图，计划分 3 个阶段推进利用人工智能技术，大幅提高制造业、物流、医疗和护理行业效率。法国 2018 年 3 月公布人工智能发展战略，拟从人才培养、数据开放、资金扶持及伦理建设等方面入手，将法国打造成在人工智能研发方面的世界一流强国。欧盟委员会 2018 年 4 月发布《欧盟人工智能》报告，制订了欧盟人工智能行动计划，提出增强技术与产业能力，为迎接社会经济变革做好准备，确立合适的伦理和法律框架三大目标。

党的十八大以来，习近平总书记把创新摆在国家发展全局的核心位置，高度重视人工智能发展，多次谈及人工智能重要性，为人工智能如何赋能新时代指明方向。2016 年 8 月，国务院印发《"十三五"国家科技创新规划》，明确人工智能作为发展新一代信息技术的主要方向。2017 年 7 月，国务院发布《新一代人工智能发展规划》，从基础研究、技术研发、应用推广、产业发展、基础设施体系建设等方面提出了六大重点任务，目标是到 2030 年使中国成为世界主要人工智能创新中心。截至 2018 年年底，全国超过 20 个省市发布了 30 余项人工智能的专项指导意见和扶持政策。

当前，我国人工智能正迎来史上最好的发展时期，技术创新日益活跃、产业规模逐步壮大、应用领域不断拓展。在技术研发方面，深度学习算法日益精进，智能芯片、语音识别、计算机视觉等部分领域走在世界前列。2017—2018 年，中国在人工智能领域的专利总数连续两年超过了美国和日本。在产业发展方面，截至 2018 年上半年，国内人工智能企业总数达 1040 家，位居世界第二，在智能芯片、计算机视觉、自动驾驶等领域，涌现了寒武纪、旷视等一批独角兽企业。在应用领域方面，伴随着算法、算力的不断演进和提升，越来越多的产品和应用落地，比较典型的产品有语音交互类产品（如智能音箱、智能语音助理、智能车载系统等）、智能机器人、无人机、无人驾驶汽车等。人工智能的应用范围则更加广泛，目前已经在制造、医疗、金融、教育、安防、商业、智能家居等多个垂直领域得到应用。总体来说，目前我国在开发各种人工智能应用方面发展非常迅速，但在基础研究、原创成果、顶尖人才、技术生态、基础平台、标准规范等方面，距离世界领先水平还存在明显差距。

1956 年，在美国达特茅斯会议上首次提出人工智能的概念时，互联网还没有诞生；今天，新一轮科技革命和产业变革方兴未艾，大数据、物联网、深度学习等词汇已为公众所熟知。未来，人工智能将对世界带来颠覆性的变化，它不再是科幻小说里令人惊叹的场景，也不再是新闻媒体上"耸人听闻"的头条，而是实实在在地来到我们身边：它为我们处理高危险、高重复性和高精度的工作，为我们做饭、驾驶、看病，陪我们聊天，甚至帮助我们突破空间、表象、时间的局限，见所未见，赋予我们新的能力……

这一切，既让我们兴奋和充满期待，同时又有些担忧、不安乃至惶恐。就业替代、安全威胁、数据隐私、算法歧视……人工智能的发展和大规模应用也会带来一系列已知和未知的挑战。但不管怎样，人工智能的开始按钮已经按下，而且将永不停止。管理学大师彼得·德鲁克说："预测未来最好的方式就是创造未来。"别人等风来，我们造风起。只要我们不忘初心，为了人工智能终将创造的所有美好全力奔跑，相信在不远的未来，人工智能将不再是以太网中跃动的字节和 CPU 中孱弱的灵魂，它就在我们身边，就在我们眼前。"遇见你，便是遇见了美好。"

《新一代人工智能 2030 全景科普丛书》力图向我们展现 30 年后智能时代人类生产生活的广阔画卷，它描绘了来自未来的智能农业、制造、能源、汽车、物流、交通、家居、教育、商务、金融、健康、安防、政务、法庭、环保等令人叹为观止的经济、社会场景，以及无所不在的智能机器人和伸手可及的智能基础设施。同时，我们还能通过这套丛书了解人工智能发展所带来的法律法规、伦理规范的挑战及应对举措。

本丛书能及时和广大读者、同人见面，应该说是集众人智慧。他们主要是本丛书作者、为本丛书提供研究成果资料的专家，以及许多业内人士。在此对他们的辛苦和付出一并表示衷心的感谢！最后，由于时间、精力有限，丛书中定有一些不当之处，敬请读者批评指正！

赵志耘

2019 年 8 月 29 日

序　言

　　能源科技与人工智能的高速发展，为能源问题的解决提供了更大的可能性。从能源供给侧看，未来已来的第四次智慧能源转型是全球能源格局转变的里程碑，将会形成一个高效、清洁、低碳、多能源协同的共同体，来应对能源态势的挑战。从能源需求侧看，随着能源需求的多元化与个性化趋势，能源将会在整个智慧城市的发展中扮演越来越重要的角色，并将以更加智慧的方式提供更高标准的服务。随着新一代人工智能时代的到来，人们又寻找到一条新的发展路径：将人工智能与能源系统深度融合，以机器智慧方式，解决由来已久的能源问题。

　　国务院在《新一代人工智能发展规划》中提出了面向 2030 年中国新一代人工智能发展的指导思想、战略目标、重点任务和保障措施，部署构筑中国人工智能发展的先发优势，加快建设创新型国家和世界科技强国。新一代人工智能相关学科的发展引发传统能源模式的突破，推动传统能源从数字化、网络化向智能化加速转型。智慧能源重塑了能源系统的整个业务流程和业务模式，是一种全新的能源形式。智慧能源强调能源安全供给、经济竞争力和环境可持续性三个维度的统筹兼顾，通过对各能源系统的整合，提升能源投入产出比，降低对环境和生态的影响，全面适应和充分满足生态文明的新需求。

　　智慧能源已开始并将渗透到国民经济的各个领域和部门，并与人们的日常生活产生千丝万缕的联系。在人们熟悉的生活场景，如我们生活的城市、城市中错综复杂的交通系统、每天起居的生活社区及形形色色的楼宇与家庭中，都不难捕捉到它的身影，为我们编织着更加丰富、多彩且便利的生活。例如，城市智慧能源场景就是通过能源空间结构参数化、能源运营可视化、整体系统动态化和能源格局虚拟化完成智慧城市中的能源供给与需求。交通智慧能源场景则是透过能源交通一体化管理信息系统感知全景信息，实现能源交通的多能源聚合与优化供应。社区智慧能源作为城市能源网络的基础节点，被称为可重构的"社交网络基因组"，通过居民住宅、公寓住宅、商业街区和社区公共服务设施等不同的场景搭建，为居民提供舒适、低碳的生活环境。智慧家庭是创新的居家用能模式，实现了用能终端和数据处理智能化、用能控制最优化和用能设备与居民行为交互化。

《智慧能源》一书聚焦"人工智能 + 能源系统"的概念、特征、发展历程和关键技术，及其在能源网络、分布式能源系统的应用，并在智慧城市的能源应用上展开各种场景应用。本书作为能源技术与人工智能相结合的交叉应用学科的新型教材，得到了北京理工大学 2020 年"特立"系列教材立项资助。本书适用于本科、研究生作为交叉学科教学参考用书，同时，作为面向新一代人工智能的全景科学普及读物，可以满足广泛的读者需求。

我们共同合作的《话说智慧能源：开启新时代能源之门的密钥》（暂定名，以下简称《话说智慧能源》）也即将完成。它们同为智慧能源科普著作，本书的侧重点在于从能源的视角，解读当前"新一代人工智能 2030"的政策、应用策略及其实践，以加深读者对国家新能源发展战略的理解；即将完成的《话说智慧能源》则试图用科普的形式，去发现与我们日常息息相关的能源"智慧"，以启示我们在日常活动中自觉地实践"碳中和"及对新能源的利用。因此，本书读者定位于专业范畴，而《话说智慧能源》的读者则会更为广泛。

本书由沈萌和魏一鸣担任共同主编，参加本书编写工作的还有安邦、陈欣月、屈冉冉、张婷婷等。本书在编写过程中，还得到了诸多行业同人和同事的鼎力相助。本书的责任编辑对书稿提出了许多中肯的审读意见和修改建议。智慧能源是一个新兴学科，本书的编撰和相关内容参考了许多同行的已有成果，但因《新一代人工智能 2030 全景科普丛书》的编辑格式有统一要求及篇幅所限，未能在正文中标出文献出处，在此一并致谢并恳请参考文献中的所有作者谅解！

　　由于编者学识及精力有限，智慧能源又是一个人工智能与传统能源融合的新领域且发展速度极快，书中难免有不当甚至是错误之处，敬请读者批评指正并反馈给我们，以便再版时订正。

编者

2021 年 10 月 25 日

目　录

第一章

绪　论

能源短缺、能源结构失衡及去碳化三大能源矛盾始终是困扰人类发展的"瓶颈"。跨越数百年的 3 次能源革命也源于解决这些问题，但迄今为止能源态势依然严峻。随着以互联网为代表的新一代信息革命的来临，人类又寻找到一条新的发展路径——智慧＋能源。简而言之，将互联网、大数据、人工智能与传统能源系统深度融合，以机器智慧方式解决由来已久的能源问题。本章首先提出能源困境的三大问题；其次分析了导致能源变革的主要原因；再次引入智慧能源概念及其发展和衍生过程；最后描述出智慧能源所具备的基本特征。

第一节　能源困境

一、能源短缺问题

19 世纪以来，全球能耗呈现稳步增长的趋势。尽管随着技术的发展及经济增长驱动，生产效率和能源使用效率显著提高，但是由于人口的增长，能耗增长的趋势仍在继续。根据国际能源署估计，到 2050 年，能源储量需要满足近100 亿人的能源需求，这意味着能源产量必须在现有的基础上翻倍。然而能源的储量并不会以相同的幅度增长，以石油为例，根据世界能源统计评估显示，2017 年的石油探明储量为 1696.6 亿桶，就算全球每年的石油使用量保持不变，预计也将在 50.2 年后耗尽，毫无疑问，这将是对能源供给的严重挑战。在我国，能源需求同样增长迅猛，过去 10 年能源消费增长了 54.6%，2017 年能源消费达 31.32 亿吨油，占全球能源消费总量的 23.2%。尽管我国近年来能源消费增长略有放缓，但 2017 年仍然贡献了全球增长量的 34%，是全世界最大的能源消费国。

二、能源结构失衡问题

化石能源与其他能源相比价格低廉，并且已经具备系统化和标准化的开发利用技术，因此，化石能源占据了世界能源消耗的 85%，而核能、太阳能、水力、潮汐能、地热等清洁能源仅占 15%，能源使用存在严重结构性失衡问题。尽管 20 世纪 70 年代发生过两次石油危机，但是在今后 20 多年里，石油仍然是最主要的能源，全球石油需求量仍然以年均 1.9% 的速度增长；煤仍然是电力生产的主要燃料，全球需求量也将以年均 1.5% 的速度增长。天然气储量虽然丰富，但迄今仅开采了全球总储量的 16%。太阳能、风能等可再生能源由于具有不稳定性和不可控性，更是没有得到有效利用。虽然随着能源技术的变革，太阳能等低碳能源得到了快速发展，但化石能源仍然是人类赖以生存和发展的能源基础，能源使用结构失衡问题在未来几十年将难以改变。

三、去碳化问题

作为全球能源消耗的主力军，化石燃料在其使用过程中会排放出大量的 CO_2 等温室气体，成为全球气候变暖的主要原因。2015 年，在联合国气候变化大会上提出的，并在 2016 年由全球 130 多个国家参与的《巴黎协定》（The Paris Agreement），正式确定温控目标，即到 2100 年将全球温升控制在明显低于 2℃ 范围内，力求减轻全球变暖可能会带来的自然生态系统失衡等危害。以此为标志，能源领域去碳化（Decarbonization in Energy Sector）正在成为全球的共识。政府间气候变化专门委员会（IPCC）、国际能源署（IEA）等国际组织的研究成果表明，只有全球的温室气体排放总量在 2050 年下降到当前水平的 50% 左右，并在 2080 年前后基本实现零碳排放，才能实现温控目标。之后，各国开始行动，英国伦敦、巴西里约热内卢等 25 个城市在 2017 年的波恩气候大会上，率先承诺 2050 年之前实现城市碳排放量净值降为零。中国也把碳达峰、碳中和纳入生态文明建设整体布局，力求到 2030 年实现碳达峰，2060 年前实现碳中和目标。而这要求在能源领域实现智能化的循环经济（Circular Economy）和低碳经济（Low-Carbon Economy），以及可再生能源的利用。

第二节　能源变革之要因

能源技术和大数据智能分析技术的发展为能源发展提供了可能，和过去相比，人们的能源意识和能源行为发生了改变，其能源需求开始变得多元化，这对能源服务的质量提出了更高的要求，推动了能源领域服务模式和交易模式的改变，进而引发了一场能源领域的革命。

一、能源高科技的发展

新一轮能源技术革命、信息通信技术（Information and Communications Technology，ICT）革命和产业融合革命为能源发展带来了新机遇，互联网、物联网技术的发展，促进了智慧能源与网络的进步。基于开放化、实时化、数据化、规模化四大优势，能源互联网（Energy Internet，EI）为能源领域赋予了新的数据属性，从能源技术革命、能源生产革命和能源消费革命 3 个方面为能源变革提供支撑。在能源技术革命方面，能源互联网打破传统能源技术应用范围的界限，催生了跨领域的系统规划、控制、运行等能源新技术，推动能源技术与 ICT 体系融合，带动能量路由器、能源转化技术、智能计量技术、无线通信技术，以及物联网技术、能源大数据、能源区块链等一批信息物理新技术，提高传统化石燃料的利用效率，促进可再生能源渗透，实现供给侧、输配侧和需求侧的全生命周期监测、管控和优化，以及系统、设备和人员的信息联系，推动支撑能源技术革命。在能源生产革命方面，传统能源系统各个行业相互割裂，各个能源系统立足本领域，通过自身的规划、建设、投资和运营，以确保该能源品种的供需平衡，形成"孤岛效应"。而能源互联网打破了各个能源行业的界限，实现多能源系统融合，推动不同类型能源的协调互补，从而改变能源的生产方式、供应体系和发展模式，使能源供应从原先的单一模式转向多元模式，助推能源生产革命。在能源消费革命方面，广泛应用了能源互联网，实现了能源供给与需求实时化、市场价格与供需信息实时化、用户用能行为可视化、消费者与能源消费方式智能化匹配，在某种程度上解决了困扰传统能源运营方式的能源分布不均与需求分布不匹配问题。

二、大数据技术的发展

以能源大数据为支撑的新一代信息技术催生了能源格局和模式的转变。通过构建能源数据仓库，能源大数据技术可对能源全生命周期所产生的海量数据进行抓取、管理，并以统一的数据模型进行存储和数据交换，以解决"信息孤岛"问题。另外，能源大数据可视化技术通过交互挖掘、统计与分析，可以实现能源数据深层透明化。将能源大数据技术应用于能源的生产、传输、消费等各环节，可为能源行业提供更加开放、共享的能源信息平台，加速推进能源产业发展及商业模式创新。在能源规划上，利用大数据等技术可获取和分析用户的能效信息与用能行为信息，借助于能源大数据的分析技术对海量能源数据进行分析处理，找出潜在的模态与规律，为能源管理提供决策支持，为能源网络规划提供技术支撑。在能源生产上，大数据技术的应用主要集中于可再生能源发电精准预测、提升可再生能源消纳能力等方面，可利用大数据技术进行分析，支持决策，保证多种能源的智能生产与输送。在能源消费上，随着能源消费侧可再生能源渗透比例的不断提高及微电网系统的逐渐成熟，利用大数据等技术可合理进行储能等灵活性资源配置规划，有效整合能源消费侧资源，降低可再生能源对电网的冲击影响，保证供电可靠性。

三、人的意识与行为的变化

《巴黎协定》之后，各国纷纷开始制定相关政策以推动社会节能。例如，通过节能宣传倡导、价格补贴、奖惩激励等方式，逐步培养公众节能环保的理念，促进人们的节能行为，推动政府、企业、居民的能源意识和行为发生变化，以实现能源的有效利用。在我国的许多地区实施分级电价（Tiered Electricity Pricing，TEP）政策之后，居民的节能意识普遍提高，更积极地采取节能行为。此外，随着社会经济的快速发展，以及社会节能环保意识、受教育程度的提高，减少不必要的能源使用及更换节能设备等亲环境行为（Pro-environment Behavior）更加普遍，推进了能源革命，与此同时，能源变革又进一步促进亲环境行为习惯的养成，从而形成新的循环，实现用能行为定制化、共享化、智能化和产销合一的能源新格局。新一代信息技术给公众带来了智能化和场景化的消费新体验，能源定制化消费行为成为常态；分布式可再生能源的普及，为能源共享行为规模的不断壮大提供了基础与便利条件；人工智能和大数据分析等技术使得用能行为数据化、透明化，基于能耗分析平台为用户提供个性化的能耗分析，引导用户智慧用能；在新型能源模式下，涌现出越来越多的小体量"产销型"用户，能源的自产自销行为也成为一种趋势。

四、用能需求的变化

在新一代电子商务时代，社会经济生活需求发生根本性的变化，追求高品质、多元化和个性化已成为一种常态，未来世界能源消费需求也将向多元化、清洁化、高效化、全球化和市场化方向发展。为满足用户多样化、扁平化的用能需求，可通过需求侧的自用自发、应急供给、削峰填谷、负荷转移等方式，实现能源消费者灵活自主的能源利用，以及供需协调的泛能源化消费市场。所谓泛能源消费市场是指实现水、电、气等多能源市场的数据融合，建立广泛互联、融合开放的能源互联网生态。这也对需求侧能源规划提出了更高的要求，需求侧能源规划需遵循综合能源规划原则，从底到顶，从用户的能源需求出发考虑，在"互联网＋"智慧能源的推动下，实现需求的互联，构建能源互联的开放共享体系。例如，借助于家庭能源管理系统（Home Energy Management System，HEMS）实现更为智能化的能源调度，在这一过程中，考虑到人们对家庭中每个用能设备的需求，以及家庭可再生能源生产、电池存储能量和电网限制等，在满足人们保持现有的舒适度，甚至对生活质量进行改善的需求的基础上，实现社会能源节约、削减用能成本及保护环境。

五、服务模式的变化

人们在能源需求和用能行为上的改变，在很大程度上推动着服务模式革命的进程。能源服务模式由原来的单一能源产品销售，升级为"产品＋服务"，进一步演化为基于数据平台的"产品＋服务＋增值服务"。从核心特征上看，新型能源服务模式是基于信息融合的"技术＋"、基于协同运行的"系统＋"、基于多能供应的"品类＋"及基于资源重组的"模式＋"，打破了原来能源链条上生产、传输、存储、消费等各个环节的信息壁垒，满足了用户差异化需求，实现复杂化能源消费。新的能源服务模式还促进了多能互补，实现供需协调，能源供应不再局限于单一能源服务，而是向多元供应模式转变。在这种供应模式下，油、气、热等多种能源都将实现广泛互联及能源资源的优化配置。能源服务提供商通过为不同需求的用户制订不同的"价格菜单"，实现用户的定制化、个性化、有序化，创新以电为核心的能源服务新模式。与此同时，通过与能源参与者的信息共享，以及多元能源配置的转化与优化，在用户侧建立节约高效、清洁低碳的用能模式。在此背景下，节能改造、能源托管及运维管理等能源服务模式也应运而生，催生了综合能源服务新业态。

六、交易模式的变化

以绿色新能源为主体的分布式能源具有能效高、运行灵活、经济性好等特点，凭借其优势，分布式能源逐渐成为发电的重要能源及能源交易市场的重要组成部分。但集中式能源交易模式下难以运用分布式能源，成为阻碍多能源供应发展的"瓶颈"。新型能源交易模式，特别是基于区块链技术的交易模式具有可追溯性、交易公开、数据透明的特点，其分散化特性与分布式能源无中心特点相符合，嵌入区块链技术，实现能源交易由原来的集中式、单边交易、双边交易、单一能源交易向弱中心化交易、多变网络化交易和多能耦合交易转变。区别于传统模式的固定供求关系，新型能源交易模式中的供应和消费的角色不再一成不变，角色和权责的界限逐渐模糊，并可以相互转换。为了支撑更加多样化的能源交易模式，也需要对能源交易方式、资源消耗、数据存储和数据安全等系统进行创新设计，实现更加高效、安全和低成本的能源交易。

第三节 智慧能源概念衍生

一、缘起：智慧地球概念的提出

2007 年，美国 IBM 公司率先提出了构建一个智慧地球（Smarter Planet）的设想，所谓智慧地球是借助于互联互通的信息科技，颠覆整个世界的运行方式，这将涉及数十亿人的工作和生活模式的改变；其同时提出通过普遍连接形成所谓物联网，通过超级计算机和云计算将物联网整合起来，使人类能以更加精细和动态的方式管理生产和生活，从而达到全球智慧状态。更透彻的感知、更全面的互联互通、更深入的智能化是智慧地球的 3 个基本特征。能源是整个地球的一个重要组成部分，显然，智慧能源（Smarter Energy）也包含在其中。

二、智能电网

早期智慧能源的研究重点主要在电力部门，美国电力科学研究院（EPRI）于 2001 年最早提出了智能电网的概念并开始研究，2006 年美国 IBM 公司提出智能电网解决方案，标志着智能电网（Smart Grid，SG）概念的正式诞生，2009 年美国总统奥巴马上任后，将智能电网提升为美国国家战略。智能电网代表了智慧能源的早期概念，其核心在于双向能源流通（Bidirectional Energy Flow，BEF），通过分布式能源系统等自主电力设备，在传统的电网到用户的单向流通上，增加了用户侧到电网的新方向。智能电网的核心功能在于解决电网的稳定性问题，用以实现可再生能源的集成，通过引入热泵、电动汽车及其他用电设备引导用户积极参与到能源流通的平衡中去。

三、多源网络

智能电网出现之后，智慧能源的概念逐渐被强化。随着经济社会及能源领域的发展，学者们认为仅强调智能电网，会阻碍电力和其他形式能源之间的紧密联系，导致各个能源领域处于割裂状态，成为能源发展的"瓶颈"，为此，应当充分考虑通过多种能源融合来实现能源的智慧。至此，智慧能源开始从单一的智能电网发展到包括水、电、热、气的综合能源网络（Integrated Energy Network，IEN），智能电网在智慧能源中的核心地位逐渐被淡化，综合能源网络以整体耦合的形式考虑多种能源，以需求方的多种联通性为基础，实现能源系统的灵活高效运行。

四、互联网的深度融合

能源互联网由多元能源网络节点连接，包括各种类型负载构成的电力网络、石油网络、天然气网络，以及分布式能量采集和储存装置等。能源互联网概念的雏形由美国北卡罗来纳州立大学黄勤（Alex Q. Huang）于 2008 年首次提出。

2011 年，杰里米·里夫金（Jeremy Rifkin）在《第三次工业革命》中预言，在新能源技术和信息技术深入结合的基础上，一种新的能源利用体系即将出现，并将其命名为能源互联网，能源互联网是基于可再生能源的分布式、开放共享的网络。不同于最初提出的能源互联网局限于能源互联的特点，随着互联网在能源领域应用的不断延伸，能源互联网还将打破以分布式能源为核心的桎梏，实现能源互联和信息互联的深度融合。在此基础上，智慧能源的概念被延伸到能源需求侧与更广泛的能源领域，强调能源需求侧与能源供给侧的信息交互、反馈和融合，以及从供需双方的角度协调与管控用能市场。

五、智慧能源系统

智慧能源系统在实现能源供需关系自身优化的基础上，进一步拓展，延伸到可以实现基于能源互联网基础设施系统的互联互通，并将其整合到工业、建筑和运输等能源使用系统中。借助于技术创新与制度创新，智慧能源可以充分激发人类的能力和智慧，构建全新的能源局势（Energy Situation，ES），即包含能源体系、能源技术和先进信息技术在内的一体化能源解决方案。在此基础上，以 ICT 系统和互联网为技术平台，智慧能源系统通过人－机系统、机－机系统和更广泛的社会和政策的影响力，完成能源系统的多部门、多系统，甚至跨部门、跨系统的整合，并完成用电侧产业的融合。在智慧城市中的能源系统就是"从家庭到网络再到城市"及"全球智慧系统"的体现。

六、概念归纳

作为一种全新的能源形式，智慧能源重塑了整个能源系统的业务流程和业务模式，通常被认为是基于系统能效技术、互联网技术、信息通信技术、智能计量技术、大数据分析技术、智能控制和优化技术等技术，从能源产业链的各条链路和不同环节上采集获取相关数据，并进行处理与耦合，逐步实现涉及能源生产、储存、传输分配、消费及控制等整个能源产业链的智能化。智慧能源强调能源安全供给、经济竞争力和环境可持续性 3 个维度的统筹兼顾，通过能源产业链整合，提升能源投入产出比，降低环境和生态的影响，全面适应和充分满足生态文明的新需求。在智慧的背景下，能源不再只是一种商品，而是改变人们生活的一种模式。

第四节　智慧能源主要特征

一、能源全景

智慧能源围绕资源及其设施，涉及能源资源的生产、运输、储存和消费的整个能源系统运行过程。通过对能源运行过程的实时监控和全面的信息采集，借助于数字化、网络化、智能化手段，实现智慧能源系统中能源流和信息流的流通和交互，最终形成整体能源系统的全景图。利用智慧能源关键技术，打造具有时空互补、协调可控资源、平抑能源间隙和纵横双向协调特点的分布式能源系统，实现了能源的多源供需。在此基础上，利用各种智能平台搭建纵横交错的能源网络，与信息网络融合，演化新型智能能源网络系统，实现能源网络的有序化。智慧能源通过数据分析和优化处理，实现能源系统的全方位、可视化处理，并为能源的利用提供最佳方案，在整体上实现了能源的安全、高效、绿色、智慧应用，呈现出美轮美奂的智慧城市能源画卷：开辟能源融合的交通智慧能源之路，营造有感知的智能楼宇空间，构建社区智慧能源，发展智慧家庭能源，创造居家用能新模式，打造未来绿色、智慧、低碳、便捷的生活。

二、能源科技

科技是能源发展的根本动力，也是能源从信息化到智能化再到智慧化的关键所在。具体地讲，智慧能源关键技术主要包括能源互联网技术、信息通信技术、能源大数据技术三部分。能源互联网技术是实现智慧能源的基础支撑，能源互联网通过互联网技术与能源生产、传输、存储、消费及能源市场深度融合，使能源产业发展成新形态，具有多能协同、信息对称、供需分散、系统扁平、交易开放等特征。信息通信技术是实现智慧能源的基础工具和手段，包括智能传感技术、5G 无线通信、卫星通信系统、智能计量、智能终端等。能源大数据技术则为实现智慧能源提供了数据资源条件，通过能源数据关联（Energy Data Association，EDA）提取能源数据信息的特征向量，使得关联数据能够对被测信息进行精确描述。不局限于对传统能源系统的改造，能源科技通过多类负荷关联、耦合元件互补、能源网络互动、商业模式融入，完成多种能流的耦合互动，催生了新能源形式创新，为未来全新能源系统和模式的涌现奠定了必要的技术基础。

三、能源感知

以物联网、云计算、大数据等新技术为支撑，更透彻地对能源进行感知，并全面融合能源管理信息资源，建设能源感知监控平台。利用物联网建设全面感知、全实时的智慧能源系统，将物联网的环境感知性、多业务和多网络融合性有效地植入能源管控系统中，实现对电力节能设备的实时监控及双向互动；通过能源计量管理、节能分析等监管系统，对能源消耗参数进行实时监测，实时掌握各类能源用量，实现用户能源消耗与能源供应之间的联系与互动，并实现能源的智能化；通过建设能源网络全景感知图谱（Panoramic Perception Map，PPM），实现能源运行全局态势感知、电力系统态势实时感知、动态调控和信息服务、风险感知与预测、负荷变化精确感知、能源企业安全态势实时感知等。在综合能源系统中，通过态势感知技术的应用，实现综合能源网络的稳定性；在楼宇智慧能源中营造有感知的智能空间；在交通能源中实现全景信息感知；在智慧家庭能源中，通过各种智能电器对能耗进行实时感知，并进行分析和可视化，实现各种家电设备的节能与智慧管理。智慧能源感知使能源的管理具有更加透彻的感知能力，从而以更敏锐的感觉、更快速的反应、更可靠的定位、更精准的识别、更全面的观察及更深入的判断来解决能源使用中存在的问题。

四、智能分析

智能分析及其软件工具是实现智慧能源的应用结果。在智慧能源全生命周期中，通过能源供需预测技术、负荷预测技术等实现预测分析，利用用户用能行为分析工具、能源用户标签等对用户的用能行为进行分析刻画，实现智慧能源系统用户侧用能信息的有效挖掘与利用，在满足用户个性化需求的同时，实现自身利益最大化；基于系统能耗监测工具、用电能效管理工具及智能调度工具等，实现智能管控，利用能耗模拟工具、节能降耗工具等进行能耗优化；依靠风险评估分析工具、自动故障诊断系统等进行风险预警。基于智能分析，智慧能源系统将实现能源系统控制和优化，进一步提供能源决策方案，实现能源平衡调整的科学性、及时性和合理性，实现用能的优化分配及供应，提高能源利用水平和效率，完成智慧能源在全生命周期中的预测、管控、协调、优化、决策与预警等全过程。

五、多源融合

能源互联网强化了各种能源间的互联互通，能源基础设施协同工作，优化能源结构，解决异构能源融合问题，实现多源互补与协调。"互联网＋"智慧能源将构建多类型能源互联网络，利用互联网思维与技术，改造传统能源行业，通过灵活发电资源与清洁能源之间的协调互补，解决清洁能源发电出力受环境和气象因素影响而产生的随机性、波动性问题，融合油气系统、电力系统、供热系统、可再生能源系统等多种能源系统，实现资源互补协调，减少传统分布式能源系统的能源消耗，解决风能、太阳能等可再生能源发电不连续的问题，实现横向多源互补；基于智慧能源技术将电源、电网、负荷与储能四部分通过多种交互手段实现纵向"源网荷储"协调，构建能源与信息高度融合的新型能源体系。多能源协同供电（Multi-energy Coordinated Power Supply，MeCPS）通过实现智慧能源系统的可再生能源渗透，提高供电质量和安全可靠性，有助于能源转型，从而整合能源利用模式、能源节约策略和需求响应。在储能技术方面，实现储能与分布式能源的综合优化，使分布式能源成为一个可调度实体，实现了分布式能源时空互补（Spatiotemporal Complementarity of Distributed Energy，SCDE）。

六、交互影响

　　能源与城市的交互及城市空间形态数字化实现了城市能源结构的精细化与协同，结合城市能源系统的关键要素进行城市能源系统规划，对能源影响状态进行辨识，对能源负荷状态进行分析，对能源节约状态进行评估，对能源运行状态进行调整，将整个城市能源系统运行动态化，优化城市能源空间布局。能源空间与交通全景的交互，通过建设路边风力发电机、光伏路面发电、光伏高速公路大型充电宝、智慧供能桥梁、电动汽车充电设施等智慧能源交通基础设施，实现交通设施与能源供给的融合，赋予智慧交通"中间人"的新角色，通过角色互动，建立"车桩路网人"的新模式，利用传感器与通信技术，实现交通能源系统的广域协调控制（Wide Area Coordinated Control，WACC）。能源空间与楼宇的交互，通过智能感知环境参数的变化，能源与楼宇实现了实体与数据空间交互，这使得楼宇内部的能源使用更趋于柔性，将建筑内部构造与外部环境有机融为一体，易于达到分布式能源系统接入的目标，实现建筑储能产用平衡和建筑能源配置优化。能源空间与家庭的交互，借助于装置的智能化，实现计量智能化、数据可视化、控制最优化的智慧家庭新模式，为居住者带来更加舒适、环保的居家体验。

参考文献

[1] KIPPING A, TROMBORG E. Hourly electricity consumption in Norwegian households-Assessing the impacts of different heating systems[J]. Energy, 2015, 93: 655-671.

[2] LIANG X S, MA L W, CHONG C H, et al. Development of smart energy towns in China: Concept and practices[J]. Renewable & sustainable energy reviews, 2020, 119: 109507.

[3] WU Y, ZHANG L. Evaluation of energy saving effects of tiered electricity pricing and investigation of the energy saving willingness of residents[J]. Energy policy, 2017, 109: 208-217.

[4] ZHOU K, FU C, YANG S. Big data driven smart energy management: From big data to big insights[J]. Renewable & sustainable energy reviews, 2016, 56: 215-225.

[5] ZHOU K, YANG S. Understanding household energy consumption behavior: The contribution of energy big data analytics[J]. Renewable & sustainable energy reviews, 2016, 56: 810-819.

[6] 刘建平, 杨健, 刘涛, 等. 中国能源革命的目标与路径: 从能源互联网到智慧能源(上)[J]. 能源, 2017 (7): 84-86.

第二章

智慧能源关键技术

　　智慧能源关键技术主要包括能源互联网技术、信息通信技术、能源大数据技术、智能分析技术及其软件工具四部分。能源互联网技术及其平台是实现智慧能源的基础支撑，在体系架构上，基于云计算模式构造，符合标准互联网规范，是互联网系统的一个典型嵌入式结构；在典型应用上，满足智慧能源对多能源开放互联、能量自由传输、开放对等接入、信息物理交互、多元能源综合管理等应用场景需求。信息通信技术是实现智慧能源的基础工具和手段，包括智能传感技术、通信技术、智能计量设备、智能终端设备等。能源大数据技术为实现智慧能源提供了数据资源条件，通过对能源大数据资源存储、压缩、挖掘、处理等完成各类操作。智能分析技术及其软件工具则是实现智慧能源的应用结果，完成了智慧能源在全生命周期中的预测、协调、管控、决策等过程。

第一节　能源互联网技术

一、何谓能源互联网

2004 年，在英国《经济学人》杂志上发表的《能源互联网构建》一文中将能源互联网描述为以借鉴互联网自愈和即插即用的特点，将传统电网转变为智能、响应和自愈的数字网络。能源互联网是以电网为基础，以互联网、云计算、大数据及其他前沿信息技术为核心，综合运用先进的电力技术和智能管理技术（Intelligent Management Technology，IMT），以大量分布式能量采集、储存装置等构成的新型电力网络为连接枢纽，将电力、石油、天然气及交通运输网络等能源节点互联起来，形成的多层耦合信息物理系统（Cyber Physical Systems，CPS）。能源互联网具有微观和宏观两大特征，微观是指设备智能化、能量互补化、信息对称化、供需分散化、系统扁平化、数据透明化和交易开放化；宏观是指横向多源互补和纵向"源网荷储"协调。横向多源互补是指电力、煤炭、石油系统、供热系统、天然气系统等多种能源系统之间的互补协调，突出强调了各类能源之间的可替代性和互补性；纵向"源网荷储"能实现能源资源的开发利用和资源运输网络、能量传输网络之间的相互协调。美国北卡罗来纳州立大学未来可再生电能传输及能量管理系统研究中心（FREEDM）提出了有关能源互联网的基本理念和体系架构，认为能源互联网具有互联网的开放对等特征，是以能源技术 + 信息技术（ET+IT）为支撑形成的、以智能电网为核心的新型能源网络体系。

二、能源互联网架构

能源互联网体系总体架构如图 2-1 所示。

1. 感知层

感知层（Perceptual Layer）由末端状态感知和执行控制终端组成，适配冷、热、气、电等多种能源智能终端，内置一体化的数据采集、计量分析和实时控制系统，负责感知并采集能源供应量及消耗量，并对所采集的能源数据信息进行计量分析和实时控制，主要包括仪器仪表设备和现场控制器。在感知层重点推动跨专业数据同源采集，实现能源供给侧、需求侧采集监控深度覆盖，提升终端智能化和边缘计算水平，打造一体化集中式电力、燃气、供热、供水等多能源监测体系，提升多能流采集计量、处理监测、统计分析等全生命周期可视化感知能力。例如，在电力系统运行中，基于感知识别技术，实现用户能源消耗数据、交易数据、外部环境数据及通信、计算等资源共享，实现数据融通和边缘智能。

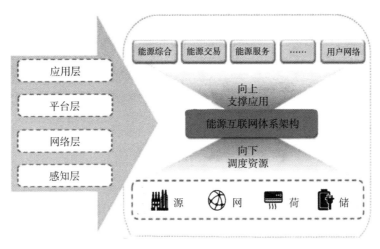

图 2-1　能源互联网体系总体架构

2. 网络层

应用标准化通信和多类型网络传输技术实现设备、平台、服务间的互联互通的感知延伸层为网络层（Network Layer），其中包括局域能源信息网络传输和广域能源信息网络传输。基于现有的物联网、移动通信网等基础设施，对来自能源系统感知层的能源供应及需求信息进行无延迟识别、接入和传输，提供更广泛的互联功能，具有高可靠性和高安全性。此外，网络层通过各种网络系统如 ADSL、GPRS、4G、光纤等，将实时数据传输到能源调度管理中心，管理中心也可以通过网络系统将控制指令下达到现场控制器，执行控制调节指令。

3. 平台层

基于能源互联网，由各种应用云平台构成的能源数据集成、处理和应用的开发平台称为平台层（Platform Layer）。通常平台层由数据可视化模块、检测管控模块、管理决策模块、能效分析模块、系统运维模块组成，负责接收各现场监控设备发来的数据，并将实时运行参数存储在数据库中，为后续的管理、分析、控制提供数据基础。使用云计算、大数据和人工智能等技术，根据业务需求构建，可用于集成、分析和管理数据，实现海量能源终端的物联管理。使用平台层可以挖掘数据价值，提升数据处理效率，实现联网设备的精细化管理，促进平台能力开放与共享，提升系统支撑能力。水务信息云平台（Water Information Cloud Platform，WICP）就是能源互联网平台层的一个应用实例，它采用多层次采集、主体化汇聚，将数据进行分类，并运用知识计算和知识图谱的构建能力及边缘计算能力等实现数据智能分析。

4. 应用层

利用大数据、云计算、人工智能等技术构建电力系统平台、水力系统平台、风力系统平台、供热系统平台，从而进行能量信息数据共享的平台称为应用层（Application Layer）。通过这些平台对能源供应进行统一管理，实时监控各类能源的详细使用情况及终端设备的运行情况，为节能降耗提供直观、真实、可靠的生产数据，并基于实时终端消费及历史消费数据进行挖掘分析，对终端消费情况进行预测、预警，为供给侧结构性改革提供有效的决策依据，实现水、电、气、热等能源的多样化能源优化配置。综合能源管网（Integrated Energy Network，IEN）应用系统是应用层的一个典型实例，主要功能是对能源设备的运行状态和各能源系统的实施运转状况进行管理，主要实现途径是对海量数据信息进行分析和处理，从而搭建能源交易平台，对各种能源交易提供数据支撑，承担能源互联网的信息采集、管理和能源交易等方面的运行工作。

三、主要特征

1. 多能源开放互联

多能源开放互联（Multi-energy Open Integration，MeOI）是指接入风能、

太阳能、潮汐能、地热能、生物能等多种可再生能源，打破供电、供热、供冷、供气、供油等不同能源行业相对封闭的壁垒，实现电、热、冷、气、油、交通等多能源综合利用。多能源开放互联系统利用多种能量形式之间的转化及大容量的热储等技术，有效提高可再生能源消纳水平，并平抑其波动。在用户端构建多能源开放互联系统，有针对性地满足用户多品种的能量需求，在以用户为中心的前提下有效地提高能源综合利用率；在传输网侧，多能源开放互联网可以有效降低网络建设复杂性，提高系统的安全可靠水平。国家电网苏州供电公司打造的开放式能源互联网共享服务平台，打通了水、电、气、热等数据壁垒；其打造的能源数字孪生网络（Energy Digital Twin Network，EDTN），实现了数据全面采集与有效集成，整合了园区内 4 类 44 万户用户的能源数据。

2. 能量自由传输

能量自由传输（Energy Free Transmission，EFT）具有远距离低耗，甚至零耗、大容量传输、双向传输、端对端传输、选择路径传输、大容量低成本储能、无线电能传输等特征。可以根据需要选择能量传输的来源、路径和目的地，支持能量的端对端分享，支持无线方式随时随地获取能源，进而实现能量的灵活控制及供需平衡，促进新能源消纳，提高系统的安全可靠性。在设备级上，能量自由传输包括能源互联网标准协议、能源路由器（Energy Router，ER）、能源集线器、多端直流、大容量低成本高效率储能、超导、无线能量传输等关键技术。其中，多端直流可以实现能量多端灵活传输，实现新能源、直流负荷和储能系统互联的有效路径。能源路由器是完成能量自由传输的关键部件，用以连接能源互联网中不同电压、频率网络的关键设备，满足不同电压、功率、电能质量的需求，并且可以隔离故障、支持即插即用等。美国北卡罗来纳州立大学未来可再生电能传输及能量管理系统研究中心（FREEDM）对能源路由器进行了原型开发和实验研究；日本数字电网联盟研究出了可以实现电能分时打包传输、区分不同来源、选择传输路径和目的地的能源路由器。能量自由传输的实现路径如图 2-2 所示。

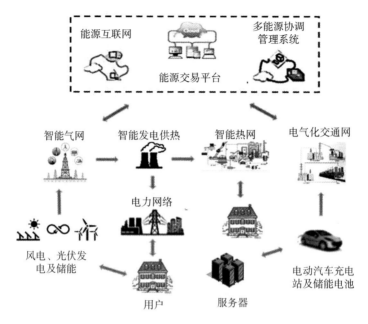

图2-2 能量自由传输的实现路径

3.设备开放对等接入

能源互联网可以实现能源设备开放对等接入（Energy Equipment Open Peer Access，EEOPA），做到即插即用。在能源互联网中，产消者是能源交易和分享的主体，源的开放对等接入为产消者的大量出现提供保障，并支撑需求侧响应和虚拟电厂等各类应用。具体表现为在新的设备或系统接入能源互联网时，无须人工报装、审批和建模，可被自动感知、辨识与整合，并可以随时断开，具有良好的可扩展性和即插即用性。国家电网苏州供电公司开发完成了一种新型的智能电表箱平台，不仅可即插即用，还具有自我感知功能，可以通过"身份卡＋人脸识别"双重认证，并可根据工作需要设置操作权限，实现不停电更换电能表。

4.信息物理系统

基于信息网络和能源网络实现能源优化、管理，包括信息层和物理层两部分。信息层实现能源生产侧、输配侧、用户侧数据的实时感知采集，通过构建计算、交易、控制中心，优化能源互联网物理环境中计算、通信、动态调控、信息服务及决策等功能；物理层通过底层动态模型对能源系统动态不确定环境进行实时控制。信息物理系统充分反映能源网络运行的物制和信息过程，体现两者融合机制和相互作用机制，物理信息网络支撑着分散化的能源交易，信息流和能量流则影响能源互联网大数据中的能量价值、商业模式创新，赋予能源互联网在市场层面开放兼容的体系架构，使得能源互联网在物理层面所具有的开放兼容的特性能够在价值层面有所反映。信息物理系统能够使信息流逐步引导控制能量流，利用能源大数据，更好地发挥能源互联网、能源大数据中的系统信息价值。在能源互联网信息物理系统中，用户和配电公司可以了解对方的信息，通过信息物理系统实现实时智能调度，使新能源发电在接入骨干电网时能保持参数稳定，避免对大电网造成冲击。以欧盟，主要是德国 E-Energy 项目为代表，以信息通信技术通信设备和系统为基础，构建了由能源网、信息网和市场服务商构成的三层次能源系统架构，基于信息网络构建能源管理中心，以先进的调控手段来应付日益增多的分布式电源与各种复杂的用户终端负荷。

5. 多源综合管理

对能源生产、消费、储备、交易四大板块进行全生命周期服务，实现清洁能源替代最大化、综合能效最优化，推动企业向综合能源服务转型的行为统称为多源综合管理（Multi-energy Comprehensive Management，MeCM）。在能源生产板块，运用平台经济理念引导分布式清洁能源发展，通过多能互补协调优化促进能源生产使用效率不断优化；在能源消费板块，通过合同能源管理、能源托管、能效提升服务等方式促进客户能源管理水平的不断优化；在能源储备板块，通过引入蓄热蓄冷等及电化学储能技术，实现各类型能源的灵活转化和灵活调配；在能源交易板块，聚合客户资源参与市场化售电，以负荷集成商身份参与电力需求响应，实现"源网荷储"的友好互动。日本"绿色IT战略"通过整合信息通信技术、气候和能源技术来建设区域电力和多源综合管理系统。

6. 大规模储能

能源互联网大规模间歇性可再生能源发电的接入，加大了电源侧不确定性和电网功率不平衡引发的风险。在能源互联网应用中，根据储能需求的不同，其服务类型可分为功率服务和能量服务两大类。在功率服务上，储能用于应对电网的暂态稳定及短时功率平衡需求，作用时间从数秒至数分钟，技术上要求快速响应的大容量存储，如电池储能、飞轮储能、超级电容储能等。在能量服务上，储能则用于长时间尺度的功率调节，时间尺度可从数小时延伸至季度，用于应对系统峰谷调节及输配电线路的阻塞问题，技术上要求长时间尺度存储、较高循环效率及较低成本，以实现可再生能源发电在时间维度上的转移，如抽水蓄能、压缩空气等。储氢、储热等单向大规模储能技术可有效利用冗余新能源发电，并在长时间尺度上为广域能源互联网运行提供支持。

四、能源互联网标准化

全球能源互联网标准体系的系统性、协调性、广泛性、专业性和开放性，打破行业之间的障碍，广泛吸收相关行业的龙头企业和专业机构参与，发挥其专业特长。能源互联网标准化是引导产业发展的重要技术基础，是智慧能源技术，尤其是软件技术的技术支撑，是科技成果转化为生产力的桥梁，是推动科技创新、促进节能减排的重要技术依据。能源互联网标准体系可由规划设计、建设运行、运维管理、交易服务等标准构成，包括能源互联网术语、概念模型、体系架构、通用用例等基础标准；结合相关产业发展，其涵盖主动配电网、微能源网、储能、电动汽车等互动技术相关标准，以及信息安全、示范试点验收和评价等标准。能源互联网标准体系主要包括：我国主导的 IEEE 1888 绿色控制网络协议标准、GB/T 30155—2013《智能变电站技术导则》、IEC 61850 系列标准等；IEC SG3 开发的智能电网模型架构和标准体系《IEC 智能电网标准化路线图》(将 IEC 61850、IEC 61970、IEC 61968 等确立为智能电网核心标准)；美国发布的《智能电网互操作标准框架和技术路线图》等。

第二节　信息通信技术

一、智能传感技术

1. 智能传感器

智能传感器（Intelligent Sensor，IS）是实现智能感知的重要设备，而智能传感器技术则是实现智能感知的手段，也是能源互联网感知层的核心技术。它支持能源互联网中端到端的业务，实现用户与电网的互动、各种智能设备的即插即用，使能源互联网可感知、可控制、更智能。智能传感器是传感器集成化与微处理机相结合的产物，依据被测量对象的不同，一般分为物理量智能传感器、化学量智能传感器和生物量智能传感器三大类。物理量智能传感器在智慧能源中应用较为广泛，根据被测物理量的不同，可分为力、热、声、光、电、磁六大类。智能传感器部署是能源传感网络或物联网进行数据处理的基础，常用的部署方式包括分布式采集、移动采集、传感器阵列及稀疏部署等。通过智能传感器部署，可实现对输配电网、电气化交通网、信息通信网、天然气网运行状态数据及用户侧各类用能设备、分布式电源及微电网的运行状态参数的高精度采集和分散处理。

2. 新型感知终端

新型感知终端可实现对能源互联网态势的感知全面化、测量精准化和决策智能化，作为能源互联网最小的感知单元，具备微型化、集成化、智能化、标准化等重要技术特征。新型感知终端通过网络实时与运维平台交互，实现设备异常报警、故障精准定位、问题迅速排查、无人值守监控等功能，从初级互联互通向规模化和智能化方向升级；通过感知化和物联化，连接并收集智慧城市大数据，进一步实现万物互联、万物智能；通过机器学习完成定位、比对、预测、调度智能分析，赋予多部门神经网络级的感知与响应能力，为能源数字孪生建设提供基础支撑，帮助能源决策者和管理者更为高效、精确地掌握能源信息，提升精细化管理效率。例如，通过在能源互联网中配置储能电池健康状态感知终端，丰富储能电池对状态感知的手段，通过电池原位技术获得电池内部参量，如电压、电流、温度、容量等变化情况，并实现潜在问题预警，从而提升储能电池整体性能。

二、通信技术

1. 5G 无线通信

5G 是最新一代蜂窝移动通信技术，应用于物—物、人—物通信的场景。5G 无线通信超低时延（1 ms）、高连接密度（1 M/km^2）、高可靠性、高速率的特性可保证电网信息流的双向高速传输，保证大规模用户、大量业务的安全高效运行。5G 网络的切片技术达到与"专网"同等级的安全性和可隔离性，在保证高可靠性的同时为各个用户单元提供个性化服务。5G 边缘计算技术通过网关分布式下沉部署进行本地流量处理和逻辑运算，进一步满足电网工控类业务的超低时延需求。5G 通信技术高带宽的特点使其能够实时传输大量高清照片与视频，极大地助力能源系统"物理、信息、社会、环境"的融合。5G 通信高密度连接的特点使其更适用于"量大面广"的具有通信需求的电力设备，如风电、光伏等分布式电源、分布式储能、低压馈线测量装置、海量可控负荷等。同时，5G 通信低功耗的特点使其能够适用于移动设备，如无人机、巡线机器人等的通信。

2. 天空地一体化

天空地一体化通信网络由天基网络、空基网络及传统的地基网络组成（图 2-3）。其中，天基网络主要包括通信卫星、遥感卫星、导航卫星等，空基网络主要包括高空平台（High Altitude Platform Station，HAPS）、高空基站（HAPS IMT BS，HIBS）、民航客机、低空无人机等飞行器通信平台，地基网络则包括蜂窝无线网络、卫星地面站和移动卫星终端及地面的数据与处理中心等。其中，地面蜂窝无线网络还包括计算与处理节点，如地面网关、数据中心、边缘计算节点等。与传统的通信网络相比，天空地一体化通信网络能够充分利用空间大覆盖、视距低损耗传输等特点，实现全球三维空间的无缝高速通信覆盖，实现天空地一体化动态感知。典型电力应急卫星通信应用模式由现场地面接收站子系统、VAST 通信卫星链路子系统、远程指挥地面接收站子系统、现场接入终端构成；包含数据、语音和视频综合应用的电力应急卫星通信系统，在发生突发事件和自然灾害的情况下，能迅速组建电力应急通信通道，保证应急指挥中心与受灾现场之间指令下达、信息上报的及时性和准确性。

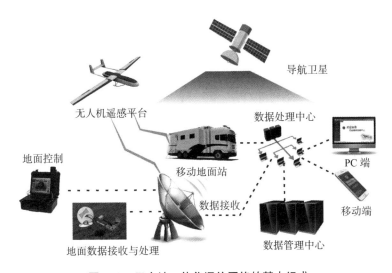

图 2-3　天空地一体化通信网络的基本组成

（图片来源：http://tcch.newmapsoft.com/prodcuts-gsgl.html）

3. 无人机通信

利用无线电遥控设备和自备的程序控制装置操纵不载人飞机进行通信称为无人机通信（Unmanned Aerial Vehicle，UAV），其安装有自动驾驶仪、程序控制装置等设备。地面、舰艇上或母机遥控站人员通过雷达、数传电台等设备，可对其进行跟踪、定位、遥控、遥测和数字传输。典型的无人机系统主要由飞行器、地面控制站、有效载荷及通信链路四大部分组成。飞行器是执行任务的载体，携带遥控遥测设备和任务设备，到达目标区域完成要求的任务。地面控制站实现人机交互，通过上行信道，实现对无人机的遥控；通过下行信道，完成对无人机状态参数的遥测，同时回传图像和数据，并显示在控制台屏幕上，也可通过平台外接口将视频信号传至其他显示、存储设备上。有效载荷是指无人机上携带可见光或夜视的视频摄像机及其装置。通信链路则是指为无人机提供双向通信功能的通信子系统。例如，南方电网广东东莞供电局在全国率先实现了"5G无人机 + 程序化操作"，进行电力线设备巡检。该系统由东莞联通提供 5G 网络支持，实现了电站设备上信号灯、字迹在电脑屏幕上的可视化（图 2-4）。

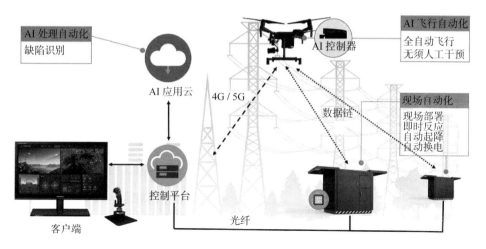

图 2-4　典型无人机系统：5G 无人机 + 程序化操作
（图片来源：http://www.hndhf.com.cn/m/view.php?aid=2427）

三、智能计量设备

实现智慧能源分项计量、电力计量、用水计量、热力计量、燃气计量、可再生能源计量等的硬件基础称为智能计量设备（Intelligent Metering Equipment，IME），主要包括智能电表、智能燃气表、智能水表、无线射频智能表及多个计量设备的集成。智能计量设备主要由计量模块、控制处理模块、有线通信模块和无线通信模块 4 个部分组成，数据流从下层服务向上层服务依次传递，由计量控制器、无线通信模块、服务器传送到手机 App，在可视化界面显示出来。指令流则从最上层服务向下层服务依次传递，由手机 App、服务器、无线通信模块，返回至能源计量控制器。智能计量设备能够识别用户身份，具备远程通信、本地通信、双向计量、多价格计费、实时交互、能量监测、远程断供、用户互动、自动抄读等功能。通过智慧能源网络将不同的智能计量设备集合在一起，可形成一个互相独立，又可以共同协作的智能计量网络 (Intelligent Metering Network，IMN)。智能计量网络可以准确、细致地对能源网络各个局部的能源输送损耗及各个消费者的能源消费情况进行实时监控。在深圳，NB-IoT 完成了智慧燃气远程抄表试点工程，实现了每日网络抄表，一次抄表成功率和准确率均达到 100%，并实现了数据采集、功耗管理、系统运维安全管理等综合管理功能，从而解决了传统抄表的弊端。NB-IoT 远程抄表网络系统如图 2-5 所示。

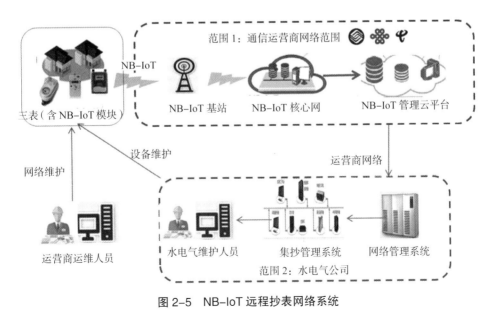

图 2-5 NB-IoT 远程抄表网络系统

(图片来源：http://www.qunfenxiang.net/marketing/13870.html)

四、智能终端设备

智能终端主要由家用智能用电终端、智能用水终端及智能处理终端组成，一般情况下是指整合优化能源资源，提高能源能效的基础设施。家用智能用电终端主要包括智能空调、智能冰箱、智能插座、智能开关、智能热水器等。智能用水终端主要包括智能水泵、智能水龙头等。家庭智能使用终端设备的特征是对外部环境的感知与交互，以机器与机器交互（Machine to Machine）形式为主。智能处理终端主要是指微信服务号、手机 App、智能平台等。"互联网＋"结合智能终端设备能够将用户的用电情况展现在手机、电脑、智能终端等设备上，同时提供精细化账单、用能分析与节能服务、家庭能效评估与优化、新能源发电预测等各类电力增值服务。在用户端参与需求响应时，用户能够通过智能终端获取所需调控的信息或建议，实现智能控制、报警等配置。罗马尼亚公用事业公司部署了由供暖和热水配送网络集成的智能计量数据管理平台，该平台能够实现自动抄表、数据管理和终端计费，从而减少人工抄表、数据处理造成的错误和时间浪费等。

五、基于 ICT 的能源物联网架构

采用"云管边端"模式，利用物联网云平台、有线与无线通信方式，通过边缘计算模型的智能数据方法与智能感知、智能终端及智能设备连接，实现终端设备的全生命周期远程可视化管理，并应用大数据和 AI 技术完成海量用能数据的分析和处理。通过数据挖掘识别用户需求，实现开放接口与各类行业应用系统互联互通。具体而言，基于电力线载波通信物联网（PLC-IoT）技术，在终端层，引入物联网操作系统，植入通信与计算技术，实现采集终端经济、可靠、高效的物联。在边缘层，基于安全可信的边缘计算能力，实现全场感知、实时处理、反馈执行，赋予能源网关设备智能大脑，按需加载不同的 App，从而对接不同业务生态，避免硬件系统的重复开发。在传输网络层，配置无线专网、IP 硬管

道及有线传输等解决方案，满足各种传输需求。ICT 是智慧电厂建设的核心推
动力，在云平台层，通过云计算、大数据和 AI 技术实现智慧电厂的可视化运营、
智能决策、智慧检修及智慧运营。在网络层，通过有线 / 无线通信技术实现了
智能协网联动。在终端层，引入智能芯片、AI 技术，实现了采集终端智能化。
基于 ICT 的能源物联网架构如图 2-6 所示。

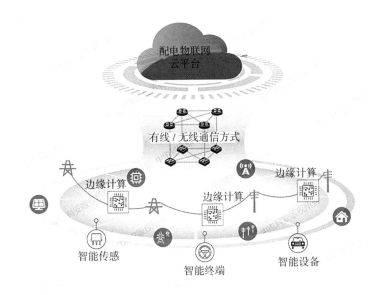

图 2-6　基于 ICT 的能源物联网架构

（图片来源：http://cecsys.com/index.php/Home/category/cat/id/46）

第三节　能源大数据技术

一、能源大数据

1.能源大数据概念

大数据通常是指在一定时间范围内无法用常规软件工具进行捕捉、管理和
处理的数据集合。高德纳（Gartner）认为大数据需要应用新处理模式，使数
据具有更强的决策力、洞察发现力和流程优化能力，以适应海量、高增长率和

多样化的信息资产。麦肯锡全球研究院把大数据定义为在获取、存储、管理、分析方面远超出传统数据库软件工具能力范围的数据集合。能源大数据是对电力、石油、燃气等能源领域相关数据进行综合采集、处理、分析与应用的技术，是能源生产革命、消费革命、技术革命与大数据理念的深度融合。能源大数据技术是传感技术、信息通信技术、计算机技术、数据分析技术与各能源领域的融合，是对传统的数据挖掘、数据分析的继承和发展，是以整个数据集合为研究对象的一项综合技术。能源大数据技术最大限度地整合能源互联网相关数据信息，协调能源企业进行业务规划，保证能源互联网统筹规划，减少不合理规划带来的资源浪费和安全隐患，实现了各类型能量单元即插即发、即插即储、即插即用。

2. 能源大数据特点

能源大数据具有海量性（Magnanimity）、动态性（Dynamicity）、实时性（Velocity）和异构性（Isomerism）的特点。海量性是指随着能源互联网中分散能量单元的无差别、大规模接入，能源系统参与者增多，表征和影响能源生产、交易、消费的数据量及数据类型呈现井喷式增长，数据存储量从 GB 级别增长到 TB，乃至 PB、EB 级别。以江苏省用电数据为例，江苏省有 4000 多万个电力客户，对用户每小时采集一次数据，仅居民用电数据每天就高达十几亿条。动态性是指大数据具有多层结构并实时动态更新的特点。实时性是指能源数据采集频次和实时性不断提高（每 15 分钟 1 次），具有实时采集、实时处理、无延时分析等特点，电力能源数据的实时处理速度在秒级范围内。异构性是指数据具有多种多样的结构，在能源全生命周期中产生的海量信息涉及多种类型，除传统的结构化数据外，还包含大量的半结构化、非结构化数据。例如，客户服务中心信息系统的语音数据，设备在线监测系统中的视频数据与图像数据等，其中，非结构化数据占总数据量的 80% ~ 90%。

3. 能源大数据云

能源大数据云(Energy Big Data Cloud, EBDC)是"云大物移智"(云计算、

大数据、物联网、移动互联、人工智能）的总称，其实现了能源系统及其子系统的精细化管理与智能化运营，提升了系统效率与服务水平。能源大数据云平台按照具体应用要求设定系统功能，如调度统计、地理信息、预测预警、视频监控、目标管理等，构建可调用、可扩展、可嵌入的操作层功能模块。2018 年，青海建设的大数据新能源云平台全年发电量达到 168.64 亿千瓦时，外送新能源电量达 37.59 亿千瓦时，同比增长 83.80%，新能源装机占青海省电网总装机的43.9%，成为第一大电源。同时，该平台还嵌入了数据天气预报和功率预测模块，能够实现风速、风轨迹及辐照度等多种气象要素预测，提供覆盖全国范围的数据服务。

二、能源大数据系统

能源大数据系统包括能源大数据库、能源大数据服务平台、能源管理协同决策平台。能源大数据库整合存储能源大数据，加快能源大数据服务体系创新。能源大数据服务平台针对能源规划，如能源结构调整和转型、综合能源决策（能源协调发展、跨部门协同管理）及个性化的公众信息服务等需求提供服务。能源管理协同决策平台整合资源储量数据、开发数据、加工数据、消费数据等，提供需求预测、能源预警等服务，为能源开发、消费和规划提供一站式数据服务。能源大数据应用框架由数据源层、数据集成层、数据存储层、数据服务层和数据应用层五部分构成。数据源层是大数据平台的数据产生机构，由电力、燃气、热力、智能交通，以及影响能源互联网规划、管理、运行与服务的相关数据组成。数据集成层对数据源层产生的数据进行简单处理，包括抽取、转换和加载等。数据存储层对经过采集处理后的能源数据进行存储，包括传统数据库存储、分布式数据库存储、数据仓库存储及 NoSQL 数据库存储 4 种方式。数据服务层由大数据关联分析模型库和算法库组成，为能源数据处理提供分析模型和挖掘算法，实现能源状况判别及预测，辅助支撑能源决策。数据应用层主要由能源基础数据管理、能源企业管理决策支持、能源运行综合服务和智能化节能产品研发四部分组成，实现能源数据的采集、集成、存储、处理、服务及应用的一体化。

三、能源大数据技术

1. 数据采集技术

数据采集也称为数据获取，是指通过射频识别技术（RFID）、传感器、社交网络交互及移动互联网等方式从运营数据库、社交网络和感知设备等数据源中获取各种类型的结构化、半结构化及非结构化数据。数据采集工具架构由输入、输出和中间缓冲三部分组成，利用分布式网络连接实现一定程度的扩展性和可靠性。常用的数据采集工具包括分布式管道架构（Flume）、可插拔式架构（Fluent）、分布式机器数据平台（Splunk）等。智慧能源大数据采集分析平台是智慧能源领域使用最广泛的数据采集分析平台，其采用云端采集分析的方式，通过能耗计量设备，如智能电表、水表、空调冷／热量计等各种表具，以及温湿度、压力等传感器对数据进行采集，并通过智能网关将数据上传至云端，由能源云系统后台对电、水、气、热、冷等各类能耗数据进行处理、分析和核算，为定额控制、节能减排、提高效率、核定收益提供科学、有效的手段。

2. 数据处理技术

数据处理主要是针对跨领域、跨类型的多源异构数据进行辨析、抽取、清理、填补、平滑、合并、规格化及检查一致性等操作，通常包含数据清理、数据集成、数据变换及数据规约三部分。数据清理主要包括遗漏数据处理、噪声数据处理和不一致数据处理。遗漏数据通常采用全局常量、属性均值、可能值填充等方法处理。噪声数据通常采用分箱、聚类、计算机检索和回归等方法处理。不一致数据通常进行手动更正。数据集成是指把存储于数据源中的数据进行整合并将其存储到同一个数据库，并对来自多个实体的不同数据进行匹配，解决模式匹配、数据冗余、数据值冲突等问题。数据变换主要包括平滑、聚集、数据泛化、规范化及属性构造等，数据规约主要包括数据方聚集、维规约、数据压缩、数值规约和概念分层等，数据规约技术可以实现数据集的规约表示，使数据集变小的同时保持原数据的完整性。Hadoop 是基于 Java 语言开发的 Apache 开源框架，能够支持跨计算机集群的分布式存储和计算。Hadoop 框架由 Hadoop 通用、Hadoop YARN、Hadoop 分布式文件系统（HDFS）及 Hadoop MapReduce 等模块构成。电力大数据由结构化数据和非结构化数据构成，通过 Hadoop 分布式计算技术，对实时数据及离线数据采用 Map-Reduce 模型构建分布式计算集群，或者采用 Yonghong Z-Suite 等高性能工具进行处理。

3. 数据管理技术

对能源数据建立分门别类的数据库并完成数据调用、转换和压缩，按业务逻辑性完成能源数据的生成、处理的过程称为数据管理。其重点研究复杂结构化、半结构化和非结构化能源大数据的存储、表示、处理、可靠性及有效传输等问题，同时可以根据数据存储的细节和路径对原始能源数据进行查询、修改和更新。能源大数据库作为能源数据存储的主要方式，按照数据粒度划分为宏观数据库和中观数据库，按照内容划分为不同能源相关数据库，按照时间整合为年度数据库和季度数据库。从功能上，其可以分为分布式文件系统、NoSQL 数据库系统和数据仓库系统，分别用来存储和管理非结构化、半结构化和结构化数据。以 NoSQL 为代表的大数据存储技术一般分为以下几种：基于键值对存储技术，如 Redis、Voldemort 等；基于数据列分组存储技术，如 Cassandra、HBase 等；基于文档存储技术，如 CouchDB、MongoDB 等；基于图存储技术，如 Neo4j、InfoGrid 等。能源数据仓库（Energy Data Warehouse，EDW）通过所收集的能源供需数据及储存架构对能源数据进行系统分析，采用数据分割、切片／切块、上钻／下钻，实现数据的可视化存储与管理，保证能源服务供应商和消费者能够在必要的时候调用历史能源消耗情况作为能源决策的依据。

4. 数据挖掘技术

能源数据挖掘将传统的能源数据分析从数理统计、假设检验、统计描述及推断的层面提升到智能算法、全数据处理、并行计算、可视化展现及决策支持的层面，可实现海量数据实时高并发在线分析计算，实现在毫秒级对千亿级数据进行即时多维分析透视和业务探索，让用户快速发现数据价值。数据挖掘分析的常用方法包括数据分类、回归分析、聚类、关联规则等，分别从不同的角度对数据进行挖掘分析。数据挖掘通过数据特征分析、基于内存计算的数据分析、数据并行化分析等技术，形成能源大数据并行化分析服务体系；通过抽象提炼能源大数据特征，从对象、记录和特征 3 个层面构建相应的能源大数据模型；基于能源大数据时序和空间特征，采用子空间分割聚类方法实现能源大数据聚类；基于分布式并行关联规则，从高维复杂能源大数据集中挖掘出相应的知识，提升关联分析的效率和准确率。例如，面向智能配电网的能源大数据分析挖掘技术有效地解决了配电网中不良数据检测与辨识，实现用户窃电行为分析及台户关系的有效识别。美林大数据分析平台（TEMPO）是由美林数据开发的企业级用户一体化数据分析与应用系统，该系统基于大数据架构，为用户提供海量数据可视化、数据挖掘、自然语言处理等分析与预测技术。

5. 数据展示技术

实现能源大数据展示的最常用手段是可视化技术，能够快速收集、筛选、分析、归纳、展现决策者所需要的信息，并根据新增的数据进行实时更新，采用更丰富的数据展现方式，充分满足数据展现的多维度要求。具体而言，数据可视化是通过将能源数据编码为可视对象，如点、线、颜色、位置关系、动态效果等，进行数据信息传递。其充分利用人眼的感知能力将能源数据及相应信息以不同的视觉表现形式展现在不同系统中，通过表达、建模，以及对立体、表面、属性、动画的显示等方式对数据进行可视化解释，并在形式上采用多维度数据进行数据场景描述，如将地理位置与数值等进行结合分析，将信息清晰、高效地传递给用户。在电网领域，利用时空数据可视化、多维数据可视化、基于人机交互实时计算和可视化展示技术实现对电网分析结果数据的全景多角度展示。

第四节　智能分析技术及其软件工具

一、预测分析类

预测分析类技术主要包括能源供需预测（Energy Supply and Demand Forecast，ESDF）技术、负荷预测（Load Forecasting，LF）技术、新能源功率预测技术等。能源供需预测技术综合运用系统动力学模型、灰色系统模型、向量自回归模型、变权重组合预测模型，将智慧能源网络所需的信息及其信息流向进行预测汇总，通过对能源流向及功耗水平的整合分析，系统、全面地对能源供给和需求总量与结构进行中长期预测，为能源供给及能源优化调度提供参考。MARKAL 是国际能源组织提出的一个按需求驱动的综合能源系统优化模型，该模型在满足给定的能源需求量和污染物排放量限制条件下，能够确定使能源系统成本最优的一次能源供应结构和用能技术结构。负荷预测技术主要是通过对历史负荷数据进行分析，利用相似、回归等算法对电网电量消耗、电力负荷、管道负荷等进行预测。南加州爱迪生电力公司（SCE）与 C3 Energy 公司将智能电表数据库及相关影响因素数据库作为数据源，采用大数据技术对负荷数据进行预处理，分析每个用户负荷与天气、季节、日期等影响因素的密切关系，并根据不同用户特性构建预测模型，提出短期的负荷预测解决方案。新能源功率预测技术通常是根据风电场的历史功率、风速、地形地貌、风电机组运行状态等数据建立风电场输出功率预测模型，以风速、功率和天气预报数据作为输入，结合风电场的运行状况，得到风电场未来的输出功率。这些技术为电力市场现货交易提供决策依据，为分布式并网提供支持，实现场站功率、并网功率精准化控制和精细化管理。

二、智能管控类

智能管控类工具可分为系统能耗监测工具、用能能效管理（Power Efficiency Management，PEM）工具及智能调度工具（Energy Scheduling Tools，EST）等。系统能耗监测工具由能源监控平台、交换机、多功能电表、通信转换器、远程水表等设备组成，支持统一网络架构下的电力、水资源等能源数据的监控、采集和管理，实现对建筑物或建筑群中各类能源，如电、水等能耗数据自动采集、分别统计、统一管理、分析挖掘和持续优化。智慧能耗监测云平台就是能耗监测工具的一个典型实例，它由数据采集层、数据存储层、数据展示层三部分组成。数据采集层通过电能表、水表等获取各回路的能源能耗信息，并通过 TCP/IP 方式，将能耗数据上传至节能监管中心。数据存储层主要负责对能耗数据进行汇总、统计、分析、处理和存储。数据展示层主要对存储层中的能耗数据进行展示和发布，实现用能点导航、能耗定位监测、建筑基本信息和能耗信息的分析展示功能。用能能效管理工具通过终端数据采集、高效数据分析、计算机集中控制及实时系统管理实现用能系统内各个区域能源消耗全过程、全参数在线监测、统计和分析，并生成各类报表和预警，为用户进行能耗分析、系统运营优化、节能改造提供技术手段和科学依据。智能调度工具基于互联网思维，综合运用云计算、大数据等先进技术及其理念，将采集控制分布、分析决策集中、实时性要求高的采集控制类功能面向当地，将分析决策优化类功能面向全网，统一为各级调度提供服务，具有能源运行全局态势感知能力、快速精确分析能力、新型能源设备灵活控制能力、大规模可再生能源接纳能力。

三、行为分析类

用户用能行为分析（Energy Use Behavior Analysis，EUBA）工具、能源用户标签（Energy User Tags，EUT）统称为行为分析工具。能源用户标签通过用户聚类抽象出客户信息全貌，将营销数据、客户服务数据、配网数据、社交网络数据等进行有机整合，以标签的形式构建多层次、多视角、立体化的客户全景画像，使业务人员能够快速获取客户基本信息、用能行为习惯、信用风险等特征。以 Spark-BIRCH 的用户用能行为聚类系统为例，RDD 为弹性分布式数据集合，MapReduce 为分布式计算框架，Spark Streaming 为实时流数据处理，在满足用户个性化需求的同时，实现自身利益最大化（图 2-7）。基于大数据的用户用能行为分析，通过建立用户对动态电价的响应模型，运用二次函数描述用户的用电方式，洞察并发现隐藏在能源大数据中的分布、关系、趋势、模式、规律乃至性质，从中获取不同用户的能源需求、用能特征，从而实现用户的用能行为分析和预测，实现智慧能源系统用户侧的用能信息有效挖掘与利用。面向配电网的用户行为分析是对计量系统采集的数据进行处理，实现在不断电的情况下，有效地检测和识别窃电行为。

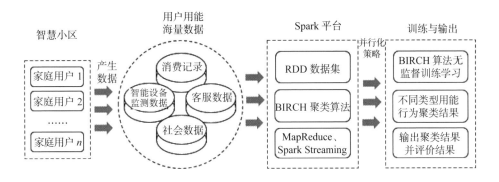

图 2-7　基于 Spark-BIRCH 的用户用能行为聚类系统流程

四、能耗优化类

能耗模拟工具（Energy Consumption Simulation Tool，ECST）和节能降耗工具等都是节能减排的有效工具。能耗模拟工具从时间、空间、人员、设备、能源分配等维度建立能耗大数据分析模型，在宏观层次上，对能耗进行定额、对标、对比；在中观层次上，对能耗进行模拟、分类分项；在微观层次上，对设备、系统能耗进行分配，保障设备稳定运行。通过挖掘用户节能潜力及关联因素，利用偏最小二乘回归算法，计算气候、社会等多因素的节能灵敏度系数，结合已有的节能策略库，通过决策树算法提供个性化、有针对性的节电策略。"经济—能源—环境"模型（3Es Model）是一个计量经济学模型，由宏观经济子模型、能源子模型和环境子模型组成，主要是通过模拟宏观经济、能源、环境三者之间的关系来预测未来经济、能源和环境的发展趋势，为能源决策者制定长期战略规划和政策提供信息支持。节能降耗工具主要通过对用户侧能耗，如水、气、煤、油、热、冷等信息集中采集、细分、统计与分析，以直观的数据和图表向管理人员或决策层展示各类能源的使用消耗情况，以便找到高耗能点或不合理的耗能习惯，从而制定有针对性的节能措施。Energy Plus 是在美国能源部支持下，由劳伦斯·伯克利国家实验室联合十几所大学共同开发的一款新型能耗模拟软件，同步模拟建筑、系统和设备之间相互作用的分析模式，根据非稳态导热原理，采用反应系数法来计算建筑的动态负荷。

五、安全预警类

安全预警类工具由风险评估分析工具、自动故障诊断（Automatic Fault Diagnosis，AFD）系统和故障实时定位系统（Fault Location System，FLS）等组成。风险评估分析工具主要用于管网泄露风险评估、能源运输风险分析、灾难风险识别等，包括辅助日前调度的运行风险评估，以及辅助日内调度的基于状态估计的快速在线运行风险评估。操作时要综合考虑运行过程中可能面临的各种不确定因素，校核各种运行方案所面临的风险，综合选择最佳的运行方案。对于输配管网系统，以及故障树建立时顶事件的确定原则，以及根据故障树割集发生的概率，对管网的安全进行评价。自动故障诊断系统通过对电网进行实时监控，及时发现问题并进行反馈。基于海量红外图像分析的电气设备故障诊断系统利用非接触式的红外热成像仪实现电气设备的在线监测，并提取电气设备典型温度数据建立历史、实时数据库,结合数据挖掘技术,实现电气设备故障诊断与报警自动决策。故障实时定位系统是基于能源管理系统、地理信息系统(GIS)和故障录波系统的高级应用系统,用于快速、准确、自动地判断电网故障性质并进行故障定位。ReEDS 模型是由美国可再生能源实验室(NREL)开发的多区域、多时间尺度、含大规模可再生能源开发的综合能源线性规划模型,主要研究输电线路成本、可再生能源质量、风能及太阳能的波动性及其对电网稳定性的影响分析等问题。

参考文献

[1] GAO M,WANG K,HE L. Probabilistic model checking and scheduling implementation of an energy router system in energy internet for green cities[J]. IEEE transactions on industrial informatics, 2018, 14 (4):1501-1510.

[2] GUO X, ZHENG J. Optimization configuration method for microgrid based on electric energy router[C]//IEEE Conference on Energy Internet and Energy System Integration, 2017:1-6.

[3] SHAFI M, SMITH P J, ZHU P, et al. Guest editorial deployment issues and performance challenges for 5G, part I[J]. IEEE journal on selected areas in communications, 2017, 35 (6):1197-1200.

[4] ZHOU D, GUO J, ZHANG Y, et al. Distributed data analytics platform for wide-area synchrophasor measurement systems[J]. IEEE transactions on smart grid, 2016, 7 (5):2397-2405.

[5] 蔡泽祥,李立涅,刘平,等. 能源大数据技术的应用与发展[J]. 中国工程科学,2018,20 (2):80-86.

[6] 张靖,高峰,徐双庆,等. 能源互联网技术架构与实例分析[J]. 中国电力,2018,51 (8):24-30.

第三章 ••◉

能源网络系统

能源网络系统是指与智能电网、天然气主干网和区域供热网等多种能源网络通过信息网络实现融合的新型能源网络系统。横向通过"多源互补"使得油气系统、电力系统、热力系统、可再生能源系统等多种能源资源之间进行互补协调，纵向通过"源网荷储"协调优化模式与技术将电源、网络、负荷与储能四部分通过多种交互手段，更经济、高效、安全地提高电力系统的功率动态平衡能力，从而实现能源资源最大化利用。利用智能平台整合横纵交错能源网络，实现能源网络的兼容性和协同性，构建高效、便捷的体系架构。

第一节 横向体系：异构多源大系统

一、油气系统

1. 智慧油气系统

油气系统包括油气的采购、生产、配输全过程管理，由于涉及范围广、信息量大，因此，它是一个复杂系统。智慧油气系统（Intelligent Oil and Gas

System，IOGS）通过设计信息感知层、网络通信层、平台服务层、业务应用层、方案表现层构建智慧完整体系架构，可针对油气的采购、生产、配输等全过程进行智能化、信息化管理。例如，通过整合现有系统和已建成的计量、控制系统及信息采集网络采集资源数据，可实时掌握油气生产、销售、集输动态，了解油气田勘探开发建设进度，实时监控主要油气田、安全环保重点部位情况，同时结合应急指挥、数字化巡检、预案等业务应用，实现在发生突发事件时可及时组织开展应急抢险工作。同时，当数据异常时，智慧油气系统具备的语音调度、语音会议、视频调度、图形调度、录音、录像等功能，使得调度人员可以及时与相关人员进行联系，并进行相关处置，实现集中统一指挥调度和各业务流程的协同工作。

2. 业务流程一体化

油气系统业务流程管理是指油气系统不同种类业务环节的整合管理，通过将油气生产与ICT技术融合，提供通信应用、整合业务流程，推进油气能源行业数字化，提供清晰的可视化业务流程，根据环境变化，推进人与人之间、人与系统之间、系统与系统之间的整合及调整，快速处理业务规则或流程变动，以适应瞬息万变的外部环境，实现全产业链生产监控和运营管理，以及横跨多个过程的复杂流程整合。以油气生产和供给信息化系统为例，它包含油气大系统中的几十个子系统，通过"互联网＋"、大数据、云计算等先进技术的引入，实现了油气管理与信息基础设施建设的衔接，推动了系统内部各子系统、各模块、各功能之间，以及与外部系统之间的信息共享、互联互通、统筹调度。英国石油公司（BP）在未来油田项目中通过利用传感器与自动化等技术将现场与地下的实时数据传送到远程中心进行分析，通过大数据的可视化分析及通信技术的融合使得分布在全球的35个先进协作中心实现了业务流程信息共享，以及多学科、多地点的远程协同，并且能够基于分析进行快速决策。

3. 全要素供应链

实现油气田供应链一体化旨在通过ICT技术，打造从油气勘探、油气开发、油气运输、炼油化工、分销体系到客户的供应链全要素一体化生态圈。通过业务流、信息流和资金流一体化,实现供应链参与各要素之间的业务协同,实现供应链参与各要素之间的数据共享,实现数据流对业务流的支撑及业务智能化管理,实现经济效益叠加效应,从而推动供应链生态圈的共建共赢。例如,中国石化西南油气分公司物资供应中心实施的基于"互联网+"的全要素供应链运行机制就是通过项目生产进度和物资采购进度协同、生产进度和制造进度的信息协同,将油气田单项目物资需求与供应商制造进度关联,实现供需信息对等,采购时效提高30%,需求计划提报周期由原来的20天缩短到1周以内。

4. 气源合理配置

多气源供应是当前城市燃气供应体系的实际状况,如何合理地配置气源是研究供气安全、节能环保和企业效益等的重要课题。城市智能燃气网通过各种图表对各类供气信息进行可视化展示,可提高服务管理质量及各级运营管理人员的工作效率;同时通过准确预测长期供气负荷和各供气时刻的用气负荷,准确、实时地对供气管网系统的运行工况进行仿真,保证这种大型系统可靠的供气压力,并准确、实时地对供气量进行控制,减少城市供气用电及供气管网的运行费用,减少供气过程中的故障和隐患,合理确定不同时间段的供气配置方案,从而实现对气源进行优化分析及自动调配的功能。

5. 应急响应准时化

管道应急场景包括接处警、事件定位、应急通知、事件预评估、事件进展、现场动态等多个相互交叉影响的不同环节,其应急响应过程具有复杂性。管道数字管理(Pipeline Digital Management,PDM)可以全面支撑突发事件的应急响应全过程管理,实现管道应急响应的准确性和及时性。通过集成事件风险的关联数据,提高对突发事件影响判断的准确率,为应急响应提供全面的数据支持,从而建设上下联动一体化风险预警机制。在进行突发事故处理时,通过构建实时共享现场动态机制,采用多种形式、多种技术手段对现场情况、事件进展进行实时跟踪。例如,通过配备移动视频和检测设备实现对应急抢险现场的监控，并基于二维、三维系统平台实现应急资源的自动搜索和联动，实现事故现场信息的实时互联，为应急指挥提供准确、实时的事件进展信息，并通过融合多种通信手段构建多方协同联动指挥机制，加强多方协同联动，从而实现应急响应的及时性和精准性。

二、电力系统

1. 电网管理全景化

建立基于电网设备资源、电网运行信息、电网管理业务信息的智能数据信息集成平台，整合与电网运行相关的所有信息，进行统计分析与数据挖掘，实现了展示与发布的图表化应用，并配有外部接口，供其他系统调用，从而提供一种面向电网运营、监控和辅助决策的电网全景可视化系统。例如，亿力吉奥与国家电网联合研发的配电网全景感知综合平台，依托"电网一张图"设备模型，建立配电网全景感知图谱（Panoramic Perception Map of Distribution Network），通过电网设备运行、设备监测、环境监测等多源感知数据，聚合迭代分析各层级电网单元的运行状况，提供风险报警，从而构成功能完备的配电网感知层；同时依托二维、三维电网地图，实现对计划检修、故障抢修、资源调派等作业过程的全景数字化、可视化，并辅助支撑全方位抢险业务。

2. 资源配置需求化

数字电网通常采用由发电设备、蓄电池和电用路由器构成的分散型电源系统（Distributed Power System，DPS），将中小型分散电源所产生的电能通过互联网数据传输方法按用户需要进行分配，用于满足具有数十至数百户体量的社区型家庭用户的用电需求。利用海量用户用电特征数据，应用大数据技术挖掘与提炼能源资源及用能负荷的信息，分析区域内用户的用能水平和用能特性，发现本地用户的能耗问题，为制定经济发展政策提供更为科学化的依据，实现局部区域负荷用电模式划分（Division of Regional Load Power Consumption

Mode）为资源配置提供依据，以助于用电调度决策制定。日本电气、东京大学和日本产业技术综合研究所使用的新型数字电网，在低成本利用新能源的同时，与其他电网相连，通过分析地区人口的用能状况，依据地区具体的人口分布扩展电网，实现电力资源的按需分配。

3. 运营协调最优化

以用电需求预测为驱动，通过整合电网企业生产、运营与管理的有关数据，优化用电资源配置，协调生产、运维、销售环节，实现了发电、输电、变电、配电、用电全环节数据共享，进一步提升了生产效率和资源利用率。同时，通过内部数据集成将优化内部信息沟通模式，使电力企业资源管理顺畅，从而提高企业运营与管控的精益水平。法国电力集团（EDF）通过对用户信息进行全面搜集，包括用户名称、电费计价方式、用户用电行为特点等，建立客户关系管理数据库（CRM-DB），成立了一个职能服务型运营分析中心，专门负责对客户数据进行分析与预测，以支撑系统的销售服务管理。以项目制形式负责向包括销售、营销和财务控制在内的 6 个业务部门提供客户行为分析数据支撑与共享，有效地改善了这些部门的服务质量，实现企业运营协调的最优化。

4. 调度决策精细化

调度系统由多个子系统组成，包括数据处理子系统、指挥协调子系统及网络分析子系统等。在数据处理子系统中，对智能电网的各种信息进行收集，为电网的调度工作提供准确而全面的数据支持；在指挥协调子系统中，加强数据处理系统与网络分析系统之间的联系，根据电网运行的状态来进行相关的任务分解，加强各模块之间的协调运转；在网络分析子系统中，主要负责对智能电网的运行状态的管理，当电网在运行过程中出现故障时可以采取及时、有效的故障处理措施，促进电网系统的安全、稳定、高效运转。IBM 提供的智能电网调度决策系统就是利用传感器对涉及发、输、配、供等各个环节的电力关键设备的运行状况进行数据采集与监测，以获取过程数据，通过对其数据的挖掘、整理与分析，实现对整个电力系统的调度决策精细化。

三、热力系统

1. 供热负荷计算：多源集控系统

将温度、压力、流量传感器安装在各热源机组及管网出口，对各个环节能耗情况能准确感知，实时显示进出水口温度、压力、流量等信息，并将采集到的信息发送至供热调度监控中心，实现对各类参数信息的实时监控。结合具体的天气及负荷状况，坚持经济性运行原则，将需热量与供热量相互对比，绘制变化趋势曲线，实现与天气变化关联的负荷调整。热源集控系统依据用热负荷对每台锅炉的各种参数和整个供热系统负荷进行计算，得出理论锅炉负荷情况，以此为依据，调整锅炉的实际负荷数，以及决定锅炉的开启；并根据负荷率变化，自动定时切换各台锅炉，在满足用户热量需要的同时，杜绝能源浪费，降低了整体供热成本。

2. 空间网络分析：热源分布图

多热源联网运行时，会出现多热源交汇点，即分布在热网的不同位置的热源存在水力交汇。特别是当各个热源的运行工况发生变化时，这个交汇点也会移动，热网的压力分布和流量分布也将随之变化。为了解决这个问题，需要对多热源联网运行的水力工况提前进行模拟分析，计算出水力交汇点的位置、热网的压力程度和流量分布、各个热源循环水泵的运行工况和耗电量、各个补水点处的压力分布，提前做好运行布局。清华大学建筑学院和清华同方股份有限公司开发的供热输配系统水力计算软件 HACNET 可用于供热输配系统水力模拟及动态调节仿真，从而对不同类型的一次热网和二次热网模拟分析各管段流量、压力和各节点温度的分布情况，为热源分布提前做好模拟布局，合理分配各热源供热量，制定科学的运行调节策略。

3. 热源调峰分析：启停和运行策略

多热源环状管网供热可以根据热负荷的变化规律和不同热源运行时经济性的好坏，按一定次序启停热源，从而达到节能降耗和实现供热经济性的目的。

热源供给控制编程逻辑是遵循"递序启动"的策略进行的,即在供热初期热负荷较低的时候优先运行能效较高、运行成本较低的基本热源。随着热负荷的增加,当基本热源的供热能力不足以满足用户热负荷需求时,再根据各调峰热源能效和运行成本的高低,按照一定的顺序依次启动调峰热源。在供热系统运行的后期,随着热负荷的不断减少,各热源的停运应按与启动顺序相反的顺序进行。

4.用能需求分析:分时分区控制

通过分时分区(Time Division Temperature Zone)控制可以将同热源供应的不同供热区域,在计算机集中控制系统的调度下实现分区供应控制,适用于每天不同时间、不同温度启停控制方式,以及白天和夜间不同时间、不同温度设定要求,解决了大多数供热系统普遍存在的采用统一温度来供应不同时段、不同区域的能源浪费问题。在使用功能不同的建筑物供热支路加装电动阀,通过集成系统实现对每一个供暖支路和冷热设备按照每天不同时间段的不同温度要求,进行分时分段控制运行。英国英霏尼兰(Enfinilan)的BPC200系列热换站分时分区分温控制系统按照用户用能需求不同,将建筑物分区,根据用户耗能时间和用量进行供能,实现分时控制楼宇的室内温度或回水温度,使楼宇的室内及回水温度保持在设定温度。

四、可再生能源系统

1.风电系统

风能是空气流动所产生的动能。利用风力机将风能转化为电能、热能、机械能等各种形式的能量,用于发电、提水、助航、制冷和制热等。在发电方面,利用无功功率控制方式,在风力机允许的范围内,完全响应调度对无功控制的要求,结合尾流效应研究场群协调控制策略(Field Group Coordinated Control Strategy),有效地提升风电场群出力、降低网络损耗及增强电压稳定性,从而整体提高发电量水平。在运维方面,根据传感器采集数据,提供可能影响性能的温度信息及风力机失调或振动信息,建立各种预测模型;并通过预测模型的结果进行预防性维护，避免了因风力机老化所造成的设备故障。在并网方面，大规模风电并网需要电力系统的协作才能实现系统的供需平衡，而应用风电并网的智能仿真调度软件就是一种有效的方法。例如，远景智慧风场软件（EnOSTM）能够实现从风力机数据采集、集中监控、损失电量分析、基于机器学习的设备健康度预警、新能源功率预测等系统功能，从而实现了智能化、自动化、可视化的"智慧风场管理"。

2. 光伏发电

太阳能是太阳内部连续不断的核聚变反应过程产生的辐射能量。利用太阳能发电的智能光伏电站可通过对多个分级子电站内的不同类别和不同型号逆变器、光伏电池组件、汇流箱、微机保护、温度传感器等设备的管控，实现多站分布式监测与运行管理。结合光伏发电站和气象监测站采集的历史数据、天气预报数据，构建完备的数据库系统，通过采用不同预测模型对数据进行分析，提供光伏电站功率的短期预测，为电站管理提供辅助决策。例如，土星公司（Geostellar）利用基本气象信息和地理信息，为用户进行不同地点的太阳能发电潜力评估（Generation Potential Assessment），并提供太阳能面板成本估计、负荷曲线（Load Curve，LC）、设备配置和安装设计方案等，还为用户提供可供参考的光伏设备供应商，以辅助用户进行采购决策。

3. 生物质能发电

生物质能泛指太阳能以化学能形式贮存在生物中的一种能量形式，是一种以生物质为载体的能量。生物质能发电主要有直接燃烧发电（Direct Fired Power Generation，DFPG）、沼气发电（Biogas Power Generation，BPG）及气化发电（Gasification Power Generation，GPG）3 种形式。直接燃烧发电是利用生物质能来代替常规能源进行发电的一种技术。沼气发电则是将动物粪便和有机物丰富的废水原料经过厌氧发酵形成甲烷和二氧化碳混合气体进行发电。气化发电是先把固体生物质原料进行气化处理，使其转化成为具有较高燃点的气体，再进行发电的方法。但生物质能在直接燃烧发电时，存在容易膨料和燃料容易缠绕的问题，措施是采用生物质电厂炉前给料系统加以解决。而炉前给料系统的关断门安全性是关键，通常对关断门采用液压锁和机械止回锁双重保护，避免因液压系统泄油等液压故障使关断门突然打开的问题。

第二节 纵向体系："源网荷储"的专业特征

一、电源：多元协调

根据 21 世纪可再生能源政策网络（REN21）的统计数据，截至 2018 年年底，全球可再生能源发电量占总发电量的比例为 26.2%，各类可再生能源发电技术占比分别为水电 15.8%、风电 5.5%、光伏发电 2.4%、生物质能发电 2.2%、其他（如地热、光热、海洋能等）发电 0.4%。陆上风电、光伏发电将是未来发展速度最快的发电类型，2050 年两者装机占比将超过 50%，发电量占比将达到 40% 左右。水电、核电等并不会因风电、太阳能发电更具有成本优势而停止发展，因此，解决风电、太阳能发电大规模发展带来的电力电量平衡与调峰问题，可通过灵活发电资源与清洁能源之间的协调互补，解决清洁能源发电出力受环境和气象因素影响而产生的随机性、波动性问题，形成多能聚合的能源供应体系。而基于出力时序特性进行的各种能源出力互补（Complementary Energy Output，CEO），如风光互补、风光水火互补等，能有效促进可再生能源的消纳，在一定程度上缓解可再生能源出力的波动性和间歇性。

二、网络：输送网络

输送网络是指电网、石油管网、供热网等多种能源网络。通过各种能源的及时有效接入，以能源站为节点，通过电力网、燃气网和热力网相互耦合成物理网络。通过由先进的信息网络和控制网络构成的上层控制系统与物理网络相互融合，并且建设具备覆盖电网、气网及热网等智能网络的协同控制基础设施而形成能源网络。可再生能源、核能及化石能源的清洁利用绝大部分要通过转化为电能来实现，因此，电网的重要性日益突出，它将成为全社会重要能源输送和配给的网络系统。2020年东盟开始实施25项能源输送计划，能源输送包括电力、石油和天然气等，其中，电力输送网络主要对接邻国，根据需求与邻国开展电力贸易，实现东盟国家与邻国间的能源调剂。

三、负荷：集成负荷

负荷不仅包括电力负荷，还包括用户的多种能源需求。电力负荷是指使用电能的用电设备消耗的电功率；热负荷是指在供暖系统中需要维持房间热平衡单位时间所需供给的热量；冷负荷是指为保持建筑物的热湿环境和所要求的室内温度，必须由空调系统从房间带走的热量，也称之为空调房间冷负荷；燃气负荷是指燃气终端用户在一段时间内对燃气的需用。集成负荷（Integrated Load，IL）是指综合考虑电、气、热等多种负荷的集成终端。能源网络使得多种能源的协调作用日渐加强，集成负荷受到更多的重视。通过研发应用负控终端设备管理模块，获取企业用户、居民、电动汽车、储能单元等负荷资源分布的海量信息，实施负荷的集中、统一调度管理。

四、储能：双向调节

储能主要是指能源资源的多种仓储设施及储备方法。集中式的大容量储能电站、分布式的小容量储能电站、电动汽车电池的储能电站等都是智能电网中的各种储能形式。储能装置具有双向调节作用，在用电低谷时，储能就像大容量的"充电宝"，作为负荷充电，在用电高峰时作为电源释放电能，其快速、稳定、精准的充放电调节特性，能够为电网提供调峰、调频、备用、需求响应等多种服务。伦敦大学城市学院与Dynamic Boosting Systems公司合作研发了一项飞轮储能技术（Flywheel Energy Storage Technology，FEST），将此储能技术连接到车辆上，当车辆电力不足时，能够快速地放电，当车辆电力充足时，能够利用现有的电力进行缓慢充电，该装置在无须维护的情况下能够使用 25 年，反复充放电 100 万次也不会出现损耗。

第三节　网络整合：实现横向与纵向协同

一、传统电网

传统电网中的电厂大多是集中式大型电厂，距离负荷端较远，且电源的接入与推出、电能量的传输等都缺乏弹性，这导致传统电网的动态柔性及可组性不足。由于缺乏双向的信息流动与反馈，垂直的多级控制机制反应迟缓，无法构建实时、可配置、可重组的系统，只能对输电、变电、配电过程进行单向调度，对客户的服务简单并且单向，不存在信息之间的交互，系统内部存在多个信息孤岛，缺乏信息共享。虽然局部的自动化程度在不断提高，但由于信息的不完善和共享能力的薄弱，使得系统中多个自动化系统是割裂的、局部的、孤立的，不能构成一个实时的有机统一整体，所以，整个电网的智能化程度较低。传统电网的总体架构如图 3-1 所示。

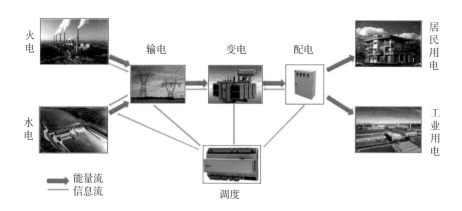

图 3-1　传统电网的总体架构

二、智能电网

智能电网是实现运行信息全景化、数据传输网络化、安全评估动态化、调度决策精细化、运行控制自动化、机网协调优化（Machine Network Coordination Optimization，MNCO）的电网，并确保电网运行的安全可靠、灵活协调、优质高效、经济环保。将现代信息系统融入传统能源网络构成新电网系统，从而使电网具有更好的可控性和可观性，解决传统电力系统能源利用率低、互动性差、安全稳定分析困难等问题。由于能量流的实时调控便于新能源发电、储能系统的接入和使用，因此智能电网是传统电网的重大突破。在发电方面，实现新能源发电的智能接入；在输配方面，完成了由调度向智慧管理的转变；在用能方面，由过去的自顶向下的单向能源传输变为双向信息流需求共享的双向调节，实现实时调度、智能管理模式。智能电网的总体架构如图3-2所示。

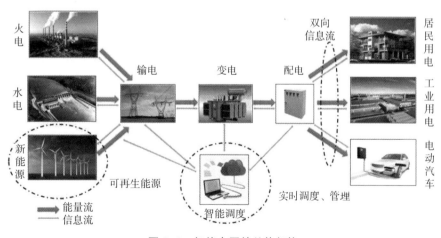

图 3-2 智能电网的总体架构

三、网络整合

智慧能源系统涵盖了从供给侧设施、输电管理、配电管理直至用户的整个电力系统及其所有相关环节。其中，对每个用户和节点都可以实时监控，保证了从电厂到用户端电器之间每一个节点上电流和信号的双向流动及实时互动。在能源供给端同时采用集中发电（Centralized Power Generation，CPG）与分散发电（Decentralized Power Generation，DPG）模式，支持风电、太阳能发电等可再生能源的接入，通过协同的、分布式的控制，在发生重大系统故障时，可利用分布式电源进行局部供电，实现稳定供给。在配电管理过程中，通过电网的实时监控，减少输配过程损耗，提高效率。在能源需求侧，通过可视化手段及各种管理方法，实现与负荷侧的交互，帮助用户主动节能增效。同时，还可以结合电动汽车与储能系统实现电网稳定性和提高电能质量。从电厂到用户的智能电网如图 3-3 所示。

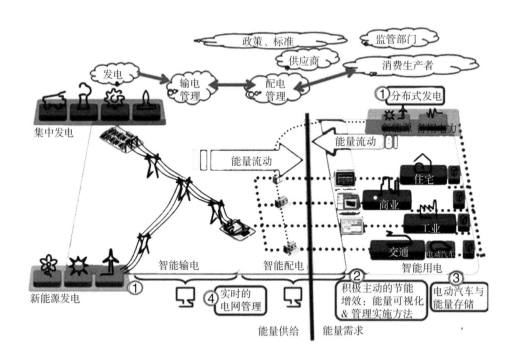

图 3-3　从电厂到用户的智能电网

（图片来源：https://www.sohu.com/a/26970540_115137）

四、能源数据平台

能源数据平台将原来分散的、孤立的能源数据汇集成系统的、综合的数据集合，实现互通互联和高度共享，将管理数据变成应用数据。能源数据平台打通信息壁垒，推动了技术、业务与数据的融合，形成覆盖全面、统一接入、统筹利用的跨层级、跨部门、跨系统、跨业务的数据共享和交换系统，最终要建设互联互通的能源智慧管理网络。美国恩菲斯能源公司（ENPHASE）每天从80个国家25万个系统收集大约2.5 TB的数据。通过大数据平台对这些数据进行分析，可以用来检测发电和促进远程维护、维修以确保系统无缝运行。另外，恩菲斯能源公司还利用从发电系统收集到的数据来监测、控制或调整网络中的发电和负载状态，在电网出错或需要升级时做出相应的反应。

五、能源管理平台

能源管理平台利用传感器对发电、输电、配电、供电等关键设备的运行状况进行实时监测，将获得的数据通过网络系统进行收集、整合，最后通过对数据的分析、挖掘，并利用各种图表进行展示，让数据更直观地展现出来，从而为技能诊断、能效分析和决策提供有效的数据支持，达到对整个电力系统运行的优化管理。日立柏之叶的区域能源管理系统（Area Energy Management System，AEMS）包括工业用固定型锂电池蓄电系统、街区用稳定交换装置和受变电设备等。其智能平台除了具有能源数据的共享及可视化功能外，还可以实现超过街区平时用电峰值的电力控制、停电或灾害发生时优先保证（如电梯优先等状况）及避难所用电等，是提供安全生活的关键保障设施。

六、能源交易平台

区块链是利用去中心化的分布式账本技术，通过智能合约、共识机制、加密算法等，在商业信任、价值传递、交易清结算等多维度解构现有的能源生产和消费模式，并搭建新的能源商业体系的底层构架。未来能源互联网中各节点都可以成为独立的产消者（Prosumer），区块链技术去中心化的属性可以匹配该结构，以去中心化形式互相交换能源流、信息流、价值流，同时各主体平等分散决策，实现所有节点权利义务对等。区块链技术不可篡改的特征，使得多元化的能源市场无须第三方的信任机制即可实现信任点对点的价值传递。区块链公链开发的智能合约功能可以使合约的执行变得智能化和自动化，购售电交易、需求侧响应（Demand Side Response，DSR）等都可以通过区块链的智能合约来实现。美国可交互电网平台（TransActive Grid）能源区块链项目应用区块链技术和智能合约建立基于分布式能源的交易体系，在布鲁克林地区为居民构建安全、自动的P2P能源交易和支付网络。

第四节　兼容并蓄：提升能源网络的效率

一、能源网络态势感知

能源网络态势感知（Energy System Situation Awareness，ESSA）是对能够引起能源网络态势发生变化的要素进行获取、理解、预测的一种智能分析技术。态势感知技术应用在综合能源网络中，能够促进综合能源网络中各类应用功能的融合，提升综合能源系统的智能化水平，有效地提高综合能源系统的能源利用效率。通过对电力、天然气、供热、电动汽车交通等多种能源网络子系统进行实时环境气象、能源大数据、用户行为等数据采集，并利用预测子系统进行能源出力及其负荷的预测，在大数据支持下，使得对能源网络的运行感知和风险分析更加准确、贴近事实。结合能源网络运行轨迹，针对预测结果完成不确定性分析，通过控制子系统对各能源网络进行调控，从而实现了综合能源网络的稳定运行。能源网络运行轨迹模型及其态势感知如图3-4所示。

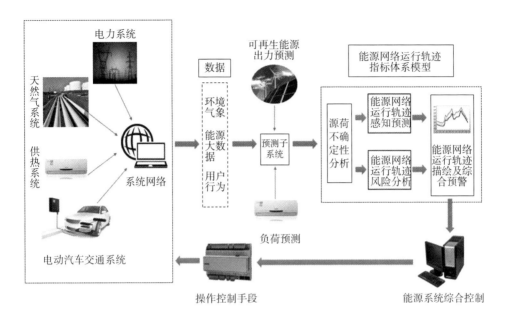

图 3-4　能源网络运行轨迹模型及其态势感知

二、能源网络响应时间

电网系统的全过程反应时间是系统各类响应时间序列的综合表示，系统的响应时间序列是系统效率的度量，因此，也是电力系统效率的标识。系统响应时间越短，则说明系统应变能力越强，稳定性也越高。在智能电网中，数据采集的时间间隔将大幅缩小，通过采集各种开关信号量、遥测信息（如电压、电流、相位、相角、有功功率、无功功率、变压器油温等），并实时进行更新，变化速率可达到每秒以上。秒级数据量可为电力系统响应能力提供强大的数据支撑，提升了电网可靠性，并可以有效地完成故障预判与快速调整。系统运行过程中所形成的大量数据通过海量电网数据系统使用分布式数据存储和 MapReduce 运算模型，实现实时的数据存储，配合云计算技术完成全网范围内的电能流动状态、电能负载热区、设备故障高发区和客户集中区等数据监控。电力系统各类响应的时间序列如图 3-5 所示。

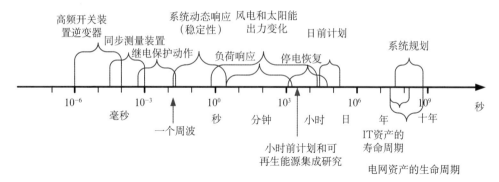

图 3-5　电力系统各类响应的时间序列

(图片来源：https://www.sohu.com/a/223727921_99896959)

三、能源网络协调机制

运用大数据创造性形成集成多能源系统的主动配电网技术，通过控制中心对主网、配电网、负荷和可再生电源运行进行监测分析，提出优化协调控制策略，大幅提升配电网对可再生能源的消纳能力。在传统的能源系统中，冷、热、电、气往往相互独立设计、运行和控制，不同的供能、用能系统主体不能进行整体上的协调、配合和优化，导致能源整体利用率不高。集成冷热电联供系统、光伏、储能、风电、水电等能源的主动配电网控制系统（Active Distribution Network Control System），通过自动匹配或人机交互，实现电网运行方式的快速切换与调整；在高渗透率下，分布式电源完全就地消纳；多种能源在配电网中联合优化运行，以提高能源综合利用率，从而提高电网整体电能质量，有效地降低网损。

四、能源网络负荷空间分布

应用负荷空间分布（Load Spatial Distribution，LSD）可确定供能设备应当配置的容量及其最佳位置，为能源系统规划提供依据，提高能源系统建设的经济性、高效性、可靠性。通过采集区域内企业与居民的用电、天然气、供冷、供热等各类用能数据，利用大数据技术获取和分析能源负荷空间，为能源网络的规划与能源站的选址布点提供技术支撑，为实现能源的可持续开发与利用提供指导方向。基于大数据的城市能源规划方法首先需要利用区域经济数据集成短、中、长期能源负荷预测结果，结合城市能源地理信息系统关于设备空间、地理空间、拓扑空间和电物理空间的分析得到负荷空间分布，同时，重点考虑所在区域能源的发展情况（中长期预测结果）；然后综合负荷空间分布结果和能源发展情况得到配电网网架结构规划结果；最后核实验证网架结构方案的灵活性、科学性和可扩展性。

五、能源网络负荷预测

根据系统运行特性、增容、自然条件与社会影响等诸多因素，在满足一定精度要求的条件下来确定未来某特定时刻的负荷状况称为负荷预测（Load Forecasting，LF）。它是电力系统经济调度中的一项重要内容，也是能量管理系统(Energy Management System,EMS)的重要模块之一。对数据的收集、处理、挖掘及试验是负荷预测的关键。运用数据收集技术调查和收集有效数据，通过数据技术对数据进行筛选、清洗和整合等预处理，使用经典预测方法和现代预测方法建立预测数据模型，最终确定出预测数值及预测曲线。其中，负荷预测和出力预测是配电网规划中的关键环节，是变电站、网架规划重要的计算依据。调度员根据电力负荷预测结果，以及结合可再生能源出力预测，合理协调各电厂的出力分配，维持供需平衡，确保电网安全，电厂工作人员则据此确定发电机组的启停安排，减少冗余的发电机储备容量值，降低发电成本。

六、能源网络不确定性分析

能源系统风险评估是指以能源系统为评价主体，在给定风险评估目标的前提下，针对具体的评估目标，主要采用基于模型的仿真方法或基于数据的统计方法，对评价主体在未来一段时间所面临的风险进行定量或定性的评估。针对给定的能源规划方案进行评估，其意义在于根据给定的评估目标，考虑各种不确定因素，评估不同的能源政策、能源转型或能源规划方案在未来所面临的风险。从而为能源政策、能源转型及能源规划方案的制定提供风险规避方案。对已建设好的新型能源系统，综合考虑运行过程中可能面临的各种不确定因素，校核其各种运行方案所面临的运行风险，综合选择最佳的运行方案。

七、能源网络诊断能力

电网故障诊断是通过测量和分析故障后电网中的电流、电压等电气量及断路器动作开关量变化信息，来识别出现故障的电力元器件。良好的诊断策略对于缩短故障时间、防止事故扩大具有重要意义。通过运用各种向量采集单元及智能电子设备等对电力系统中发电厂、变电站、配送过程及用户采集设备数据，把实时的数据汇集、抄送上来，通过大数据智能分析平台观察某个时间段的数据或曲线，分析此设备的运行状况。以重点用能设备长期运行能效历史数据为依据，制定能效诊断模型（Energy Efficiency Diagnostic Model，EEDM），对设备进行能效在线评估和优化管理。美国公共服务能源和天然气公司（PSE&G）实施了一项有关采用计算机化维护管理系统来辅助维修、更换，以及对变压器和其他设备等资产的维护决策项目。根据湿度、介电强度、可燃气体变化率和冷却性能等多种异构数据，为变压器进行诊断，形成设备状况的评价指数。根据资产更换的预测算法，以及对设备状况指数的分值和其他因素的分析来决定更换变压器的适当时间。采用实时传感器跟踪各种操作指标进行分析处理，在故障发生时及时发现问题，并采用相应的补救措施，仅提升设备故障诊断率一项，每年就节约数百万美元的费用。通过高精度采集与智能分析识别线路故障如图 3-6 所示。

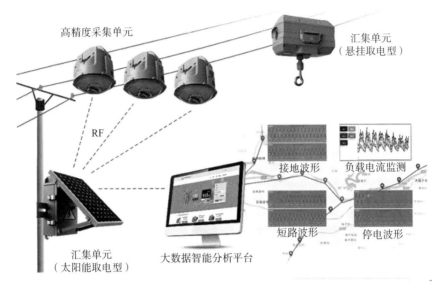

图 3-6　通过高精度采集与智能分析识别线路故障

（图片来源：https：//www.inhand.com.cn/solutions/overhead-line-monitoring-system.html）

参考文献

[1] CLAUDIA P, TUDOR C, MARCEL A, et al. Blockchain based decentralized management of demand response programs in smart energy grids[J]. Sensors, 2018, 18 (2)：162.

[2] WANG K, LI H, FENG Y, et al. Big data analytics for system stability evaluation strategy in the energy Internet[J]. IEEE transactions on industrial informatics, 2017, 13 (4)：1969-1978.

[3] ZHOU K, FU C, YANG S. Big data driven smart energy management：From big data to big insights[J]. Renewable & sustainable energy reviews, 2016, 56：215-225.

[4] ZHU L, LI M, ZHANG Z, et al. Big data mining of users' energy

consumption patterns in the wireless smart grid [J]. IEEE wireless communications, 2018, 25（1）: 84-89.

[5] 黄武靖，张宁，董瑞彪，等. 多能源网络与能量枢纽联合规划方法 [J]. 中国电机工程学报，2018，38（18）: 5425-5437.

[6] 张丹，沙志成，赵龙. 综合智慧能源管理系统架构分析与研究 [J]. 中外能源，2017 (4): 7-12.

第四章

分布式能源系统

智慧能源促使能源供需模式从传统的集中模式向分布模式发展，通过和互联网结合形成了具有时空互补、协调可控负荷、平抑能源间隙和促进双向协同特点的分布式能源系统，实现了能源的多元供需。分布式能源系统改变了能源的生产、储存、输送和服务模式，其中，分布式能源生产实现了能源的多元和高效利用。在此基础上，分布式储能帮助构建更加稳定和更具弹性的电网，实现了电网优化和电力改善。分布式能源网络将各个生产单元整合在一起，使能源的输送具有灵活性，实现了能源消费者灵活自主的能源利用，形成了供需协调的泛化能源消费市场。

第一节　多源供需

一、传统模式向分布模式的演进

1. 集中控制模式

在传统的集中控制（Central Control，CC）模式下，电力公司是能源供应的中心，承担了包括能源生产、传输和配送在内的所有职责。集中控制模式属于规模经济，其依赖大型的结构化公司，通过建造大型发电厂进行能源输出，同时利用庞大的输电系统完成能源的传输和配送。随着燃气轮机、联合循环利用、水力和燃料电池等新技术的发展，小型机组的工作效率得到了提高，并且计算机系统和通信技术能够监视和控制系统的运行，降低了小型机组的运营成本，推动了能源供应模式的发展和演变。

2. 分布式控制模式

随着能源供应模式的发展，作为面向用户的能源多元利用体系，分布式控制（Distributed Control，DC）模式能够提供个性化和多样化的发电、储能和能源控制解决方案。典型的分布式能源系统（Distributed Energy Systems，DES）一般包括分布式发电、分布式储能和可控负荷。分布式控制模式代表了能源新范式，意味着能源的利用从集中利用向用户主导的转变。分布式能源系统能够通过现场发电和动态负荷管理充分开发天然气、可再生能源等一次能源和废热、废气等二次能源，帮助能源用户降低用能成本，提高能源供给的可靠性，实现能源服务的个性化和多样化。在互联网背景下，分布式能源系统通过和主能源网络的互动，进一步改变了能源生产和能源消费的方式。

3. 分布式能源管理系统

分布式能源管理系统（Distributed Energy Management System，DEMS）具有智能化和灵活化的特征，通过数据采集、状态估计、网络可视化和系统控制等实现对分布式能源的控制。借助于智能监测技术，分布式能源管理系统能够获取系统运行状态、电网和天气等信息。在此基础上，分布式能源管理系统实现集中供电和分布式供电之间的协调和控制，以平衡能源供给和需求，为建筑业、制造业厂或居民社区等大、中、小型用户提供最优用电方案。此外，分布式能源管理系统通过和其他传统节能措施相结合，可以提高整个能源系统的效率，如通过在企业和商业建筑上部署实时数据监视和多点控制装置，能够确保仅在需要的时间和地点用电、制冷、供暖和照明，以提高能源利用率。分布式能源管理系统总体架构如图 4-1 所示。

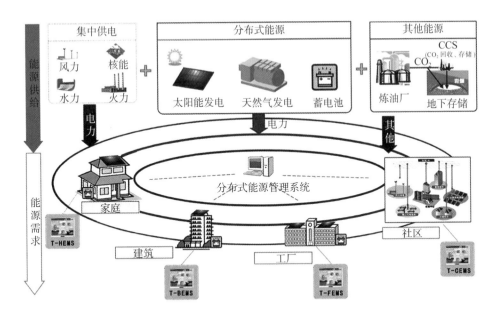

图 4-1　分布式能源管理系统总体架构

(图片来源：https://cloud.tencent.com/developer/news/65903)

二、互联网模式下的分布式系统

1. 实现时空互补

能源供给和需求的时空不确定性是对实现分布式能源对等接入、就地使用和互联共享的挑战。这种不确定性一方面是风能、太阳能、潮汐能等可再生能源极易受到自然条件和地理因素的影响，因此，具有季节性、间歇性和不可控性；另一方面，用户的能源需求具有时空随机性，这也给能源消费带来了相当的不确定性。借助于能源互联网，融合储能技术实现分布式能源的集群管理，从而使分布式能源成为一个可自我控制的、可调度的实体，为能源的时空转移和有序流动提供支撑，实现了真正意义上的分布式能源时空互补。

2. 协调可控负荷

在分布式能源系统中，用户可以对储能设备和以电动汽车、空调和智能电器等为代表的可控负荷（Controllable Loads，CL）进行控制。在分布式能源系统的一个底层单元中，用户拥有可再生能源发电设备、储能设备和可控负荷的直接所有权，能够实施直接负荷控制，实现可控资源的协调。而社区中的多个分布式能源实体通过负荷共享服务形成社区微电网。在社区微电网中，借助于监测、通信和控制技术，社区管理者能够对社区中的能源存储、分布式发电、家庭能源系统、电动汽车等多个实体可控资源的运营进行协调，以最大限度降低社区的能源成本。分布式能源系统的可控负荷协调情况如图4-2所示。清洁联盟（Clean Coalition）是一家非营利性组织，该组织表示正在通过经济模式部署分布式能源，以提高电网的能源供给弹性，这种做法可以为大容量电力系统提供服务，以收回其成本，使分布式能源系统成为一个更有价值的整体。

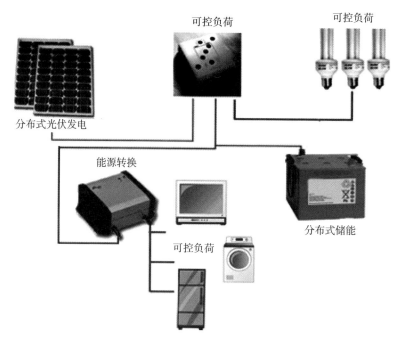

图4-2 分布式能源系统的可控负荷协调

（图片来源：https://www.altenergymag.com）

3. 平抑能源间隙

当分布式能源接入主能源网时会产生能源间隙，而平抑能源间隙的关键在于能源供需的匹配。实现能源供需的匹配，需要对供给和需求进行分析、协调，并结合储能设备实施充放电管理。在能源供给侧，利用机器学习、模式识别、大数据分析、趋势预测与建模技术对能源供给与设备、系统和周边环境因素参数之间的相关关系进行分析；在能源需求侧，利用大数据技术对区域、微观能源消费数据及区域用能数据进行精细化的预测分析。

4. 促进双向协同

应用能源网络可以将各类分布式能源、储能设备、能量转化设备、负荷监控和保护设备一体化，使分布式能源实现横向的多能互补和纵向的"源网荷储"协调。借助于大数据采集技术、模式识别技术、云计算技术、云存储技术等对能源信息进行深度挖掘，在此基础上，建立分布式能源模块与集中能源模块之间的双向能源流动渠道。在横向上实现多种分布式能源平滑接入大电网，及冷、热、气、电多种能源之间的互补协作；在纵向上，将分布式发电设备、分布式储能设备及能源消耗设备等视为能源供给与需求相结合的能源单元，通过智能管理和协调控制，最大限度地发挥分布式能源的效率。

第二节　供给侧：分布式生产模式

一、可再生能源

分布式光伏和分布式风电是分布式可再生能源的主要形式，此外还包括天然气、水能等能源形式。分布式发电设备通常安装在住宅、农业、商业、工业和社区等场所，通过能源互联网，分布式能源能够被连接到主能源网中，突破了本地使用的限制。将天然气、太阳能、风能等清洁能源纳入主能源网，能够减少50%以上的温室气体排放。截至2019年，美国已经建立了超过6000座分布式能源站，包括天然气、风能、太阳能、水能等能源形式，发电量占全国发电总量的14%。

二、梯级利用

分布式能源系统可以通过冷、热、电联供，利用废气、废热及剩余压差进行发电，实现能源的梯级利用和循环利用，从而将能源利用效率提高到80%以上，主要包括热电联产（Cogeneration，Combined Heat and Power，CHP）和冷、热、电三联等模式。热电联产广泛应用于工厂和建筑，是分布式能源系统的主要实现形式之一。热电联产通过连接到吸收式制冷机，实现中央供暖、通风和空调（Heating，Ventilation and Air Conditioning，HVAC）系统的加热和冷却，以及生活用水的加热，可以为商业建筑和住宅提供可靠的能源供给，并降低加热和冷却需求的成本。例如，通用电气的热电联产系统将美国得克萨斯医疗中心区域的供热和制冷系统的效率从42%提高到了82%，并降低了61%的化石燃料消耗，这意味着将在15年内实现超过2亿美元的资金节约。

三、聚焦能效

通过使用先进的控制技术，分布式能源能够提高用户的能源使用效率，帮助客户降低其运营成本。传统能源梯级利用的运行模式主要包括"以热定电"和"以电定热"，其结合建筑信息技术、互联网技术和人工智能技术，能够对热电联产从设计到建造的全生命周期进行分析。采用 Energy Plus、TRNSYS等能耗模拟工具和 Matlab、R 软件等数据处理工具，能够构成联合仿真平台，对热电联产的运行策略进行优化，辅助实施能源管理，以达到最佳经济化，实现供需双侧互动及信息耦合。

四、联供模式

联供模式可以为商业建筑和住宅提供可靠的能源供给，提高加热和冷却的成本效益。通常根据不同的用能主体，会采用不同的联供模式。例如，商业建筑采用集中式制冷和供暖系统，而住宅则使用集中式或分散式系统。智能化的联供模式则从过去的静态供应模式转变为新的动态供应模式，可以根据住宅或商业建筑的不同需求及季节的不同进行灵活调节，以应对由于日常周期和季节周期不断变化而变化的住宅和商业建筑的电力、供暖和热水需求。例如，华北地区首选集中供热和分散式冷却系统，而空气源热泵通常用于炎热的夏季和寒冷的冬季。

五、多能互补

多能互补式分布式能源系统将多种具有互补性的分布式能源集中于主能源网络中，以充分利用风能、太阳能、天然气等清洁能源，提高整个区域能源系统的能源利用率、经济性与稳定性。多能互补式分布式能源系统根据所在区域内水、电、热、冷、天然气等各类能源资源情况和需求情况，综合考虑多种能源的供给稳定情况、综合利用效率、投资运行经济性及绿色环保要求，合理配置各类能源供给。通过混合分布式能源系统，多能互补式分布式能源系统能够将两个或多个分布式能源系统混合在一起，实现天然气、风、光、地源热、水源热等多类能源的集成互补，提高能源系统的整体性能。

第三节 输配侧：分布式储能及输送模式

一、分布式储能

1.电网优化

美国新罕布什尔州能源的供给主要来自内陆，其主要的能源消费则发生在东部和西部的沿海地区。能源传输系统帮助将能源从产出地供应到能源需求地，但是随着负荷中心的能源需求越来越大，需要对输电基础设施进行大量的投资。额外的能源传输会在负荷中心造成拥堵，然而配置充分的传输系统就相当于用建造一条32条车道的高速公路来解决高峰时段交通拥堵一样，但这同样意味着，仅在高峰时段的 2 小时内 32 条车道会被充分利用，而在空闲时段大部分的设施会被闲置。通过在能源网络的边缘布置分布式储能，可以对发电、输电和配电进行优化，实现从可再生能源发电到需求响应计划的整合，并更好地响应电网在发生暴风雨等灾难时的能源需求。

2. 电网稳定性

风力和太阳能等可再生能源发电具有明显的间歇性和波动性，分布式能源大容量集中接入电网会对主网产生强烈冲击，危害到电网稳定性。分布式储能 (Distributed Energy Storage，DES) 系统作为分布式能源系统中的重要环节，已经成为平衡电网峰谷差，突破可再生能源利用不稳定、不连续"瓶颈"的最佳解决方案。通过对分布式能源的供给和本地能源需求的预测，结合人工智能技术能够对分布式储能能力配置进行合理优化，实现对分布式发电的能源供给和需求的协调，并抑制可再生能源产出的波动，减小可再生能源接入对主网的冲击，维护电网稳定性。

3. 弹性电网

分布式储能系统有助于帮助能源网络对能源供给和需求进行整合和优化，使得能源网络更具弹性。将分布式储能系统与公共事业系统的基础设施集成，在能源网络能源供给过量时储存多余的能源，并在需要的时候为能源网络提供满足缺口的能源，通过这种方式，帮助实现弹性电网 (Flexible Grid，FG)。英格兰西北部的一座储能设施能够存储 49 MW 电能，是分布式储能系统中最大和最先进的电池存储设施之一，该储能设施可以响应不到一秒钟内的需求波动，同时满足 50 000 个家庭的需求。

4. 质量改善

由于稳定性较差，可再生能源的直接使用会导致电能质量降低。分布式储能系统能够更好地利用可再生能源，加大用能设施的功率因数，从而提高电能质量。当可再生能源无法提供足够的能源供给时，分布式储能系统可以帮助用户满足当前的用能需求。例如，傍晚，光伏系统无法提供正常的能源供给，而这个时候往往是用户用能需求的高峰期，将太阳能板和储能系统相结合，用户可以在光伏系统发电高峰期将多余的电量存储起来，并在需要时使用。对于风能系统来说，其能源的输出依赖当前时刻的风力状况，而将燃料电池和氢储存系统相结合可以减轻风力发电的波动。

二、分布式能源网络

分布式能源网络（Distributed Energy Network，DEN）将每个子能源网络视为能源互联网的一个主导节点，每个子能源网络又包括多个自治节点，并在各个节点间建立起物理和信息上的双向互联，能源和信息可以在任意节点之间流动，从而实现分布式能源系统的整合（图4-3）。分布式能源网络能够同时对多个分布式管理系统进行集成和管理，根据用户的需求对能源供给实施组

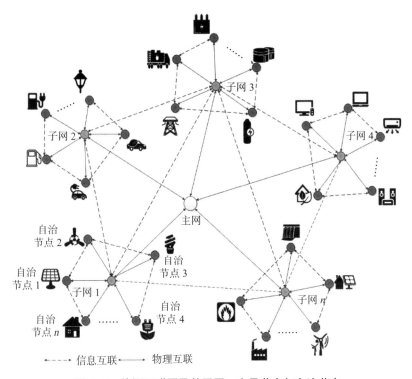

图4-3　能源互联网及其子网：主导节点与自治节点

合和调配，实现更高的经济和能源效率，主要包括供应聚合、微电网及其网络和虚拟电厂等方式。

1. 供应聚合

与传统的能源系统相比，分布式能源系统中的能源供给源小而精，需要聚集起来才能够满足常规需求，并且当分布式能源系统接入电网时，会给电网带来负面影响，导致电网的稳定性降低，当可再生能源在分布式能源系统中的渗透率很高时尤为突出。而智能能源服务提供商（Smart Energy Service Provider，SESP）通过对能源供应的聚合，可以灵活调度能源资源，平衡能源的生产，从而减少分布式能源系统对电网的负面影响。

2. 微电网

微电网（Microgrid）是一种本地分布式能源的集成技术，由多种分布式发电、能源存储装置，能源转换装置，监测、通信和控制设备，开关和电力电子设备，以及各类能源消耗系统汇集而成（图4-4）。微电网是相对较小的、可控的智

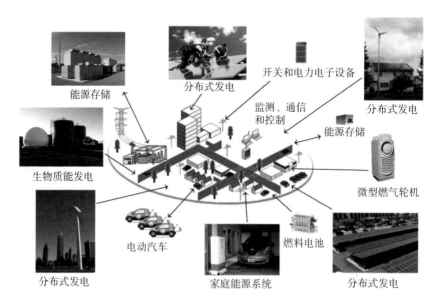

图4-4 微电网：一种本地分布式能源的集成架构

（图片来源：http://microgridmedia.com/community-microgrids-are-the-bridge-to-a-modern-grid/）

能电力系统，具备维持可再生能源的渗透及孤岛化的能力，能够帮助增强整个能源系统的弹性。微电网能够对本地的储能系统、发电端及运营端实施管理，可以在并网模式和孤岛模式两种模式间进行切换。其中，并网模式能够辅助主网间电力交换，对主电网进行优化、平衡和调度，孤岛模式更有利于边远地区利用当地资源禀赋来解决集中供能成本过高的问题。海岛离网微电网是孤岛模式的一个典型应用实例。英国苏格兰埃格岛（Isle of Eigg）的微电网充分利用当地的自然资源，保证埃格岛的不间断供电，整个项目的设计和建设成本约为166万英镑，而跨海架设电网的成本则高达400多万英镑。

3. 微电网网络

微电网网络为解决环境问题和实现电网运行的现代化提供了一个高度可扩展和灵活的解决方案，能够发挥微电网的优点，并改善整个配电系统的电力服务能力。其优势主要有三点：一是微电网网络通过补充单个微电网的现有资源，为容纳分散在不同地点的分布式能源提供了一种可靠的手段；二是在配电系统中，微电网网络对由分布式能源输出的可变性引起的动态运行条件响应更灵敏，有助于提高全系统的效率和安全性；三是微电网网络比单独的微电网更可靠，每个联网的微电网都为其他微电网预留了能源供给，使得其更有可能在极端事件、大规模网络或物理攻击中存活，并能够协同工作以加速电力服务的恢复，减少了公用事业网络停电的可能性。西门子为巴西公用事业公司设计安装了12个微电网社区，并通过卫星通信建立与巴西公用事业公司的传输和分配网络的连接，对其进行远程管理和维护，有效地缓解了当地的供电压力，显著提升了巴西公用事业公司的业务覆盖能力。

4. 虚拟电厂

虚拟电厂通常是指一种中型规模的分布式能源供应网络，包括各类分布式能源及能源消费者；同时，作为一个能源生态系统，其实现了能源网络中利益相关者的高度互动和相互依存。网络中的每一个单元在保持其运营和所有权独立性的同时，通过虚拟电厂的负荷控制中心实现互相联通，通过预测、提前计量和计算机控制能够匹配负荷波动并进行能源的实时优化，在峰值负载期间巧妙地分配各个单元能源输出来减轻能源网络的负荷。虚拟电厂具有灵活性的特点，能够通过简单地向虚拟平台添加新的分布式能源系统进行扩展；同时，虚拟电厂能够改善系统的有效性和安全性：当关键部分发生故障时，传统的电厂可能随时会脱机，而在虚拟电厂中则仅会损失很小的容量。

第四节　用户侧：分布式服务模式

一、灵活自主的能源利用

1. 自用自发

分布式能源具有用户侧安装的特点，通常部署在企业、社区和家庭等用电场所附近，能够替代或增强传统电网的能源供应，帮助用户实现能源自用自发，降低能源传输过程中的损耗。分布式能源能够减少高峰期的能耗，据测算，仅此一项就可降低 8%～ 28% 的运营成本。大型企业是分布式能源的主要使用者，而随着能源需求的增长，分布式能源正在扩展到大型商业和办公楼。根据西门子的一项调查，预计到 2027 年，将有 40% 以上的能源客户使用分布式能源。

2. 应急供给

当面临突发情况时，能源网络可能会发生故障，依赖主能源网络会导致无法正常地进行能源供给，对于学校、医院、消防站及紧急避难所等关键设施这一问题尤其重要，而分布式能源可以提高能源的应急供给能力。在 2012 年飓风"桑迪"袭击美国期间，850 万人失去能源供给，而得益于分布式能源，部分住宅楼、医院、大学和公共服务设施仍然保持电力、热力供给和关键设备的运行。"我们从'卡特里娜'飓风和'桑迪'飓风中吸取了教训，这些飓风破坏了社区的医疗保健基础设施。有热电联产的医院能够保持开放并治疗患者，而没有热电联产的医院则被迫关闭，作为新英格兰最大的医院，我们有义务在自然灾害中保护我们的患者，热电联产让我们在电网出现故障时，也有能力继续照顾我们城市中最脆弱的人群。"波士顿医疗中心设施和支持服务高级副总裁鲍勃·比焦（Bob Biggio）如是说。

3. 削峰填谷

在分布式能源系统中，用户可以通过配置一定规模的储能实现需求峰值和谷底的平衡。用户可以在能源输出大于需求时将多余的能源存储起来，并在低产量时释放出来。特斯拉发布了一款名为电力墙的电池系统，其持续电能输出为 2 kW，而峰值输出可以达到 3 kW，充放电能效大于 92%。这套电池系统通过两种方式给自己充电：一是离网运行，利用屋顶的太阳能电池板作为电力墙的电力来源；二是并网运行，通过接入普通电网给电力墙充电。在停电时，电力墙可作为备用供电系统来使用；用户也可利用它参与削峰填谷。在用电高峰期（如白天、傍晚）使用该电池的电能，而在用电低谷期（如深夜）对电池充电。

4. 负荷转移

将电力消耗从成本较高的时间段转移到成本较低的时间段称为负荷转移（Load Shifting，LS），其中一种方式是利用能源成本之间的差异，在成本较低时存储电力，在成本较高时释放电力；另一种方式则是将某些设备的使用转移到用能成本更低的时候。负荷转移使消费者具有一定的灵活性，能够实现基于价格的能源消耗。美国加利福尼亚决定实施永久负荷转移（Permanent Load Shifting，PLS）来降低其能源成本，即经常性地存储非高峰时段产生的能源，并在高峰时段使用该能源，以将能源负荷从一个时间周期转移到另一个时间周期。

二、泛能源化的消费市场

1. 供需匹配

传统的能源交易主要是一种集中式决策的资源配置方式，具有成本高、易受攻击且用户隐私难以保障的缺点。在开放互联、以用户为中心和分布式对等共享等新内涵的引导下，能源交易趋向主体多元化、商品多样化、决策分散化、信息透明化、交易即时化，同时呈现能源流、信息流与价值流三流融合的趋势。区块链技术的去中心化、自治性、开放性、不可篡改性与分布式能源网络的需求高度契合，建立融合区块链技术和智能合约的需求侧响应能降低交易成本，促进分布式能源消纳，提高需求响应效率与效益，实现能源生产、消费、配送的虚拟溯源和供需匹配。

2. 负荷聚合器

着眼于能源消费者，关注在能源系统中能源消费者的能源使用成本问题。负荷聚合器（Load Aggregators，LAs）具有增加购买力、改善负荷系数、降低交易成本、实现规模经济和负荷结构的组合等作用。多个用户可以联合起来以产生更大的能源购买能力，并且负荷的提高也会吸引更多的能源供应商进入市场。通过负荷聚合，用户可以利用多个设施之间的负荷多样性来提高整体的负荷系数。负荷聚合器通过用户联盟分担选择供应商和能源合同管理的成本，形成规模经济效应。供应商可以通过分析用户的负荷需求，有效预测负荷结构，通过对能源产品供给曲线的调整和组合来提升服务水平和质量。

3. 需求响应

需求响应（Demand Response，DR）是指借助于能源供给控制系统平衡能源生产和消费，通过对用户实施激励措施，使具有较高节能潜力的用户做出能源节约的响应。通过实施需求响应，既可减少短时间内的负荷需求，也能调整未来一定时间内的负荷，实现削峰填谷，降低供给限度。用户可以主动参与电网的需求侧响应，来获得参与需求侧响应的奖励，也可以改变自己的用电习惯，削减自身的高峰负荷。美国宾夕法尼亚－新泽西－马里兰联合电力市场（PJM）负责美国 13 个州及华盛顿哥伦比亚特区电力系统的运行与管理，为6000 万个客户提供服务。PJM 实施了一项需求响应机制，以便客户能够在互联网上实时响应并自主控制相关价格。基于需求响应的能源供给控制系统如图 4-5 所示。

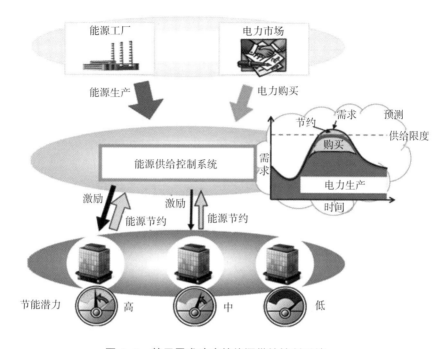

图 4-5　基于需求响应的能源供给控制系统

（图片来源：http://www.mitsubishielectric.com/news/2013/0214-b.html）

4. 本地电力市场

本地电力市场将可再生能源和能源供给、存储和需求侧响应参与者聚集到非家庭层面的市场中。本地电力市场建立在现有基础设施的基础上，能够连接社区中的多个用户，为小规模的消费者提供了一个在社区内交易当地生产的能源的市场平台。本地电力市场提供动态定价、汇总、对等交易（P2P）等多种市场服务和需求侧管理选项，可以帮助解决本地化的系统平衡问题，同时还为参与者提供了一种安全、便捷的途径，为参与者提供灵活性服务以解决能源网络的容量和电压约束问题，从而减少，甚至避免昂贵的电网附加成本。英国帝国理工大学的一项研究表明，通过在配电站级而不是常规发电站上部署新的、更便宜的灵活性电源，可以将系统运行成本降低 25%～40%。

参考文献

[1] AKHTAR H, VAN-HAI B, HAK-MAN K. Microgrids as a resilience resource and strategies used by microgrids for enhancing resilience[J]. Applied energy，2019 (240)：56-72.

[2] ANJOS M F, ANDREA L, MATHIEU T. A Decentralized framework for the optimal coordination of distributed energy resources[J]. IEEE transactions on power systems, 2018, 34 (1)：349-359.

[3] BERTRAND C, IACOPO S, SIMONE P. A community microgrid architecture with an internal local market[J]. Applied energy, 2019 (242)：547-560.

[4] DELBONI L F N, MARUJO D, BALESTRASSI P P, et al. Electrical power systems：evolution from traditional configuration to distributed generation and microgrids[M]// ZAMBRONI DE SOUZA A,Castilla M. Microgrids design and implementation. Cham：Springer，2019:1-25.

[5] FIASCHETTI L, ANTUNEZ M, TRAPANI E, et al. Monitoring and controlling energy distribution：Implementation of a distribution management system based on Common Information Model[J]. International journal of electrical power and energy systems, 2018, 94 (1)：67-76.

[6] MULLER F L, SZABO J, SUNDSTROM O, et al. Aggregation and disaggregation of energetic flexibility from distributed energy resources[J]. IEEE transactions on smart grid, 2017 (10)：1205-1214.

[7] NIU J, TIAN Z, ZHU J. Implementation of a price-driven demand response in a distributed energy system with multi-energy flexibility measures[J]. Energy conversion and management, 2020, 208：112575.

[8] YUAN J Q, CUI C L, XIAO Z W. Performance analysis of thermal energy storage in distributed energy system under different load profiles[J]. Energy conversion and management, 2020, 208：112596.

城市智慧能源

能源是城市的重要物质支撑，同时也是智慧城市高新技术应用的主攻方向之一。城市能源变革对实现低碳可持续发展目标，促进智慧城市建设、节能减排、保护环境具有引领作用。变革要因来自两个方面：一是涉及能源生产、输配及消费环节中的技术创新；二是城市环境恶化而引发的环境保护的要求。为此，城市智慧能源的关键作用表现为通过将城市能源空间结构参数化，定量化地研究城市能源空间结构及优化结构，从而建立合理的城市能源空间布局。通过参数设置绘制城市能耗地图，将能源分布情况进行可视化展示，便于城市能源规划与管理。通过各种智能分析技术对城市能源管理运行状态进行分析、评估，为城市能源管理决策提供支持，实现对城市能源的数字化管理。

第一节 空间结构参数化

空间结构的城市能源消耗分析利用数据库积累的能源生产、传输、消耗等历史和实时的数据，在实际状况的边界条件下，进行能耗需求模拟和仿真。通过对每个能源消耗模型输入能够反映环境的变量，如居住状况、当地气候、能源价格等，并且对输入数据进行调整，可以实现多种方案在不同环境下的模拟结果比较。通过将能源消耗分析结果映射到三维城市模型中，可以实现能源分析结果的可视化。在该可视化平台开展的一项用户调查，采用了认知学方法分析时空行为的适应性，应用了能源消耗模拟（Energy Consumption Simulation，ECS）的三维可视化结果，并通过现场实证数据对模型进行了验证。在瑞典斯德哥尔摩哈默比新区开发项目中，通过搭建基于 Cesium 的参数化、可视化平台，对电力、热力、交通、建筑物等状况进行多源数据的可视化，同时系统也支持 geojson、gltf 等格式的矢量数据，并且提供 wmts 格式的栅格数据集成可视化（图 5-1）。

图 5-1 基于 Cesium 的瑞典斯德哥尔摩哈默比新区能源多源数据可视化

[图片来源：李冰蟾，毛波 . 基于 CityGML 的城市能源消耗分析与可视化：瑞典智慧城市案例 [J]. 地理信息世界，2017（4）：48-52.]

一、能源结构优化

地理信息系统（GIS）与能源结构优化模型的集成是对 GIS 管理系统进行的

"二次开发"，使其符合城市的能源结构优化管理，以及大气污染控制及预测的需要。通过将城市地图数字化，然后利用调查统计的能源消耗需求、位置、居民、道路、裸露地面、交通情况、GDP、能耗系数、地理、气象、环境检测资料、污染因子、污染源资料等建立能源数据库，并利用数学分析系统和改进空间分析系统对数据库中的数据进行处理，从而得到能源结构优化方案。通过该系统的分析、决策可以得出不同经济发展条件下，满足一定的环境约束条件，如 GB 3095—96 等的最优化能源结构。比利时能源城将能源分析技术与 GIS 数据管理和算法相结合，提供了一个整体能源多图层可视化解决方案，用于计算节能、二氧化碳排放，能源结构优化改造方案的投资规划，以及建筑、社区和城市层面的能源流动。

二、能源结构细化

能源计量数据在线采集监测系统是实现能源精细化管理的有效途径之一。通过城市能源计量数据公共服务平台建立覆盖全省市，乃至全国范围的能源计量数据在线测量基础体系，从而为政府进行节能考核、能源消费总量控制、制定节能降耗政策和低碳发展规划等提供技术支撑，并且借助于云计算技术，通过资源共享、技术共享的方式向用能单位提供能源细化管理云服务，如能源审计、节能检测、节能诊断、节能量第三方验证等服务，使用能单位无须投入大量资金和人员即可分享能源细化管理的各种技术手段。国家城市能源计量数据中心可对城市各行业用能单位的水、电、气、油、煤等各种能源的消耗数据实施在线集中采集，并且通过一级计量网（监测网）和二级计量网（诊断网）形成中心主站和用能单位之间数据互联的信息监测技术平台，实现能源的宏观分析与微观细化精确管理。

三、能源结构协同

智慧能源云可通过物联网传感器对分散在城市各区域的水、电、气、供热等能耗数据进行实时动态采集与监测，采用云计算技术实现汇集、分析和处理，并进行排序、优化、控制和合理调配，形成建筑群落和区域分布式能源的整体控制、优化、服务与再分配的协同化处理体系。城市区域和建筑群落的所有能耗、控制等信息的采集、分析、统计和处理结果会反馈至物联网自适应控制系统，实现整体化的能源结构管理和智能化协同控制功能。朗德华研发的新型能源智慧化控制系统可实现能源数据、环境参数和设备运行参数跨区域、跨系统、跨专业的融合交互，并且各控制设备除具有应有的能源数据自动化、发送和传输功能外，还具有数据分层存储、处理和分析的功能，通过各系统协同交互及自动化控制功能达到自我优化和调配，从而实现智慧能源协同控制和优化。

第二节　能源状况可视化

一、GIS 能耗地图

GIS 能耗地图（Energy Map，EM）是基于 GIS 数据，根据一定的功能、人口数量或土地面积将城市分为不同的空间单元，根据不同空间单元的能耗数据或其他建筑信息，可视化展示城市能耗的空间分布，从而帮助城市建立以统计学或能量平衡为基础的城市规模能耗模型（Energy Consumption Model of City Scale，ECMCS）。通过能耗地图分析当地的条件，包括废热来源、地热和太阳能等可再生热能资源及供冷、供热需求等，并根据政策目标和实施对象，将能源数据信息在 GIS 系统中叠加，以可视化的方式辅助城市能源决策。美国哥伦比亚大学工程学院绘制的一幅全新互动地图显示了纽约各建筑每年的能源使用量。GIS 能耗地图使纽约市建筑物业主和能源服务供应商较容易找到在两栋或更多的建筑、一个街区乃至整个行政区共享资源和基础设施的潜在可能性，从而节约尽可能多的能源并减少相应的排放。曼哈顿中城区、上东区、上西区建筑能耗地图如图 5-2 所示。

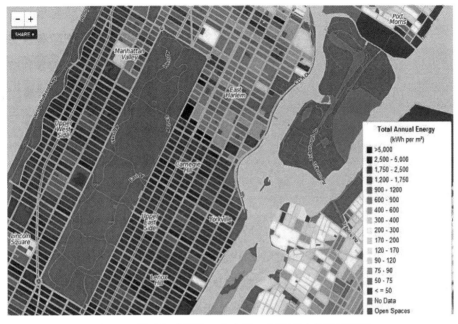

图 5-2　曼哈顿中城区、上东区、上西区建筑能耗地图

（图片来源：http：//chinagb.net/chinagb_bbs/forum.php？
mod=viewthread&tid=516795）

二、热力地图

　　为了能够确认地区资源和相关政策是否满足地区能源发展目标，地方决策
者常常需要更详细的一手资料，了解所辖社区及其建筑使用能源的分布情况，
以及当地的热能和能源资产分配结构。热力地图（Thermal Map，TM）就是
采用特殊高亮模式，显示高能源消耗区域和各种能源消耗状况的一种数据导图，
用于标明与比对地理区域的具体位置和能源消耗状况。建立热力地图能够帮助
城市在能源战略中识别出高潜力的领域，并将重点放在这些领域的详细地图应
用上，如中央商务区、机场、住宅、大型零售区等辅助能源规划。英国伦敦完
成了大伦敦地区热力地图的绘制，展示了整个城市地区能源的潜在供热、需求
和网络连接扩展的可能性、关键数据和时间节点、前景和困难，并应用于能源
总体规划方案中（图 5-3）。伦敦及其 29 个自治市借此制定出总额高达 80 亿

英镑的 2030 年能源规划书。

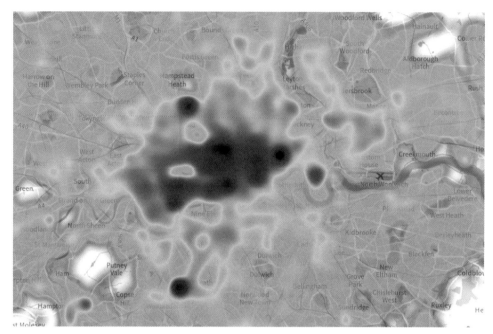

图 5-3　采用特殊高亮模式显示能源消耗状况的伦敦热力地图
（图片来源：https：//maps.london.gov.uk/heatmap）

三、热成像图

　　热成像技术是指利用感红外探测器和光学成像物镜接受被测目标的红外辐射能量分布图形并反映到红外探测器的光敏元件上，从而获得红外热成像图。城市热成像图可以显示城市的能量损耗情况，其是由橙黄色、黄色、红色、黑色和海军蓝五色构成的城市商业轮廓，颜色越明亮的地方表明能量流失越多，黑色和海军蓝等深色则表示耗能很少或没有，红色处于中间等级。因此，通过城市热成像图能够发现城市中能源浪费的区域，可针对重点区域进行分析并采取节能措施。在英国城市能耗热成像图中，只有少数建筑物呈现黄色，而其他的空中轮廓线主要是绿色和翠蓝色。英国天然气公司研究发现，轮廓线呈黄色的建筑中多达半数的电能浪费是由于员工在未黑天下班时忘记关闭电器所造成的。显示用电发生行为的英国城市热成像图如图5-4所示。

图5-4 显示用电发生行为的英国城市热成像图

(图片来源: http://roll.sohu.com/20120208/n334086008.shtml)

四、开源能源地图

荷兰阿姆斯特丹开发了一系列开源能源地图（Open Source Energy Map, OSEM），提供了能源需求和潜在供应，如生产热、地热、工业和私人建筑的废热等及其地理分布的详细信息，为区域能源发展战略提供了依据（图5-5）。开源能源地图是基于 GIS 支持的多层次式能源供给视图，可依据数据模型提供决策支持，以应对城市规划部门提出的"如果这样怎么办？"的预设情景分析。同时，该地图可以有力地对接对区域能源开发感兴趣的各方利益相关者的需求，为他们提供具体的招商机遇，开启合作之门。能源地图的采用使得阿姆斯特丹东南的 Zuidoost 地区发生了变化，让不同的工业企业建立能源交换和多余废热利用上的合作。阿姆斯特丹也在复制该地区的经验，以推动在其他社区应用，以获得更多区域能源合作的机会。

图 5-5　阿姆斯特丹开源能源地图："如果这样怎么办？"预设情景分析

(图片来源：https://wenku.baidu.com/view/575bcb8a05a1b0717fd5360cba1aa81145318f
7d.html)

五、太阳能源地图

通过太阳能源地图对可开发的建筑物屋顶面进行调查分析，居民可以通过网站轻松查询到自家屋顶所能安装的太阳能设施的发电量或产热量，同时，可以了解到对应的 CO_2 减排量与投资成本。因此，居民可以使用在线工具了解自家屋顶上的太阳能可利用量，以及是否应该安装太阳能，以便进行投资决策。德国奥斯纳布吕克市政府启动了运用激光扫描技术测量屋顶太阳能利用潜力的评估项目，使其在 2008 年成为欧洲第一个具有太阳能源地图（Solar Energy Resource Map，SERM）的城市（图 5-6）。在该项目中，总共勘察了奥斯纳布吕克市 73 430 座建筑物中的 69 759 座，结果发现，非常适合进行太阳能开发的建筑达到 27 500 座，约占总建筑物的 37%。若这些建筑全都装上光伏设备，所发电量大约为 2.49 亿千瓦时，将超过奥斯纳布吕克全市的用电量（2.32 亿千瓦时）。

单体建筑可利用
面积（m²）

5000

3000-5000

1000-3000

250-1000

up to 250

0

图5-6　太阳能源地图：分析屋顶光伏的开发潜力

[图片来源：杨守斌，何继江. 德国能源转型地图：能源转型需要广泛发动群众 [J]. 风能，2018（4）：12-16.]

六、能源转型地图

德国传统的能源供应系统高度依赖化石燃料与核能，电力系统也主要依靠大型的集中式化石燃料发电厂和核电厂。而化石能源的开采和使用造成巨大的环境破坏，并且建筑领域的建筑物隔热性能不佳，存在大量浪费能源的现象。因此，德国政府为实现能源转型远景，大力推动可再生能源发展。绿色电力的最大份额来自风能和太阳能，根据德国资源禀赋特征，如地理位置、气候条件、可再生能源、自然资源蕴藏等，具体地设置各种可再生能源，如光伏、光热、海上风电、陆上风电和电转气（P2G）等在交通、供热、供电等领域的使用占比。2016年，德国的风力发电量已经占该国全年总电量的14.3%。在装机方面，德国的海上风电累计装机达到413万千瓦，陆上风电装机为4480万千瓦，太阳能光伏装机达到4090万千瓦。德国政府设定了2030年的可再生能源发展目标：可再生能源在电力系统中占67.7%，在热力系统中占36.4%，在交通系统中占24%。

第三节　系统运行动态化

一、能源影响状态辨识

多种能源在生产、输配、存储和消费的整个过程所呈现出的大量数据信息，可以作为识别能源影响因素的重要依据。借助于云计算平台的算力技术对这些数据进行处理，把握能源结构、系统及其状态，就能够识别能源消耗、利用效率影响过程或环节，从而实现能源精准和有效的管理。惠普提出的惠普云地图极大地缩短了城市能源云计算平台的部署时间。惠普云地图是应用与基础设施之间的一个快速连接桥梁，它能帮助用户迅速而有效地运用底层的虚拟化资源池，自动配置并优化应用和基础设施资源，在极短的时间内为能源企业提供新的云服务，打破城市能源从生产到消费的界限，实现能源"供需储"垂直一体化的能源信息共享，为能源影响状态辨识及能源优化配置提供强大的支撑。

二、能源负荷状态分析

城市能源负荷（Urban Energy Load，UEL）状态分析是进行能源规划的基础，在对多个城市进行规划的大量调研数据积累和数据分析基础上进行分类并提炼影响因素，分析归纳负荷与影响因素之间的定量关系，形成城市能源负荷数据库和负荷预测模型，并分析预测城市能源的总需求量及其在空间与时间上的分布。根据城市规划中的建筑和城市用地的分类进一步对这些负荷进行细分，从而分析各类能源负荷对于能源供应方式之间的协调和替代性。德国斯图加特市采用节能措施进行建筑节能管理，定期采集城市各建筑的能源数据进行负荷分析及建筑分类，并对 60 座重点用能建筑进行用能监督与预测，并依据结果提出可行的建筑节能方案。

三、能源节约状态评估

能源节约状态评估的基本思路是通过确定合理的单位能耗限额标准，强化能源消耗的成本管理意识，实现节能降耗、节能增效的城市区域责任目标。能源节约状态评估可协助政府出台行业、地方相关标准及能源和产业政策。分析能源、经济、环境之间的相互作用和影响，为政府部门判断宏观经济形势及制定经济政策提供支持。国家电网设立的能源大数据评价与应用研究中心通过整合国内外最新能效管控成果，建立能效管控标杆，构建涵盖区域层、行业层、用户层和设备层的城市社会综合能效评价体系，形成完整可量化、可考核、可监管的综合能效评价指标体系和评价诊断方法，从而对城市社会综合能效进行科学评价。

四、能源运行状态调整

能源管控系统是利用物联网建设全面感知及实时响应的智慧能源系统。系统将物联网的环境感知性、多业务和多网络融合性有效地植入能源管控系统，解决数据采集盲区，实现对电力节能设备的实时监控及双向互动，从而对能源运行状态进行调整。通过将各类能源、负荷灵活地接入网络，利用能源管控系统实现系统运行状态和用户用能信息的实时采集，进而对系统运营进行监控，通过数据的集成控制来搭建综合能源系统的分析应用平台，进而对城市中的多能源系统进行统筹调控，实现能源跨区域的高效配置与调整。Web+GIS 的能源管控整合模式使系统用户可以通过网页查看电力节能设备的位置、状态、节能量等信息，并对空间数据进行检索和分析，实现空间数据的增值服务。

第四节　能源格局虚拟化

一、VR/AR 仿真

城市能源建模和模拟结果的可视化是城市能源规划的关键手段。利用虚拟现实（VR）可以将现实中难以看到的液化天然气、暖气、新兴太阳能设施、给排水、污水处理、城市照明等城市能源系统进行可视化展示。利用虚拟现实和增强现实（AR）与传统地图相结合，使得能量建模和仿真结果直接与空间对象相关联，管理者能够在现场探索并与真实环境互动，从而提供更好的概览和战略规划功能，因此，该技术可作为城市规划中设计师、建造师与规划决策者间的交流工具。例如，深圳深燃大厦综合能源项目通过对云计算、物联网等的综合运用搭建数字化三维模型，并开发 VR 场景，形成以 VR 为基础的创新软件平台，从而优化设计方案、提升施工效率、提高运营水平，为项目全生命周期进行数字化实施发挥最大价值。

二、BIM 仿真

利用物联网等相关技术将建筑信息模型（BIM）与建筑运维数据，以及能源管理系统整合，使空间数据与实时数据融合，实现建筑等微观能源系统运维数据的三维可视化，使得管理人员可以更清楚地了解楼宇信息与实时数据等相关节能信息。北京博锐尚格节能技术股份有限公司研发的能源管理平台（iSagy BIM）将各种零碎的能源系统信息数据进一步引入建筑运维管理功能中，实现了建筑运维数据的三维可视化；同时将设施设备管理、能耗管理、综合管理等各个子系统有机地结合在一起，帮助管理人员提高能源的管控能力，提高工作效率，降低运营成本。例如，在空调与机械通风系统中，用户能够直观了解建筑内部风管道的布局及相关设备的能耗信息，同时也能实时监控单个设备的详细运行参数，实现能耗数据的可视化。基于 BIM 的能源系统能耗分析如图 5-7 所示。

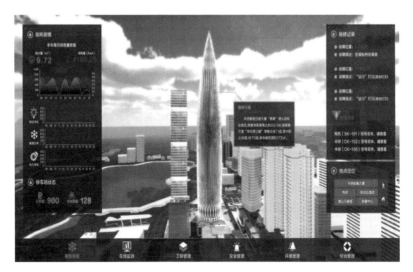

图 5-7　基于 BIM 的能源系统能耗分析

（图片来源：http://zhihuirenfang.com/newsdetails/show-892.html）

三、3D-GIS 仿真

三维地理信息系统（3D-GIS）不仅具有二维空间数据的分析处理能力，同时还具有对空间信息表达的直观性和真实性特点，适用于三维空间分析。将三维地理信息与城市能源管理系统连接，可及时、准确地掌握城市电网、管网、设备等能源系统状态，进行故障诊断和处理，对于提高城市能源系统运行的安全性、可靠性和稳定性具有重要作用。厦门亿力吉奥信息科技有限公司开发的思极地图通过融合基础地图和电网资源数据，可实现低压配电网可视化应用，包括运行数据、分支线损、分相线损、供电能力分析、停电信息、停电数据主动研判上报等功能的可视化，以及实现气象信息与电网设备、运行状态、负荷情况、事故异常等的关联分析展示，从而为城市电网规划及决策提供依据。

参考文献

[1] HE Y, YAN M, SHAHIDEHPOUR M, et al. Decentralized optimization of multi-area electricity-natural gas flows based on cone reformulation[J]. IEEE transactions on power systems, 2017, 33 (4) : 1-11.

[2] LI C D, BOSIO F, CHENF, et al. Economic dispatch for operating cost minimization under real time pricing in droop controlled dc microgrid[J]. IEEE journal of emerging & selected topics in power electronics, 2017 (99) : 1-9.

[3] LI S. Study on urban energy strategy development index evaluation system[J]. Strategic study of chinese academy of engineering, 2018, 20 (3) : 117-124.

[4] TUOMINEN P, STENLUND O, MARGUERITE C, et al. Cityopt planning tool for energy efficient cities [J]. International journal of sustainable development & planning, 2017,12 (3) :570-579.

[5] 王雪,陈昕. 城市能源变革下的城市智慧能源系统顶层设计研究[J]. 中国电力,2018(8): 85-91.

[6] 吴燕、黄芙蓉. 面向智慧城市的电力能源块数据挖掘研究[C]// 全国第四届"智能电网"会议论文集. 北京,2019.

第六章

交通智慧能源

交通系统与能源系统密不可分，其拥有巨大的物理足迹且消耗了数量可观的能源，同时也是温室气体排放和环境空气污染的主要来源之一。交通智慧能源旨在在满足交通需求的条件下找到能源供给和环境影响最优化的路径。如果将交通智慧能源拟人化比喻，则可以将感知作为辨识交通与能源全景信息的眼睛，将耦合交通系统、能源系统和信息网络作为脉络，将其基础设施建设作为实现交通智慧能源物理基础的骨架，将能源和动力供给作为心脏，而智能分析与决策则是交通智慧能源的大脑，从而使得"交通智慧能源系统 = 交通系统 + 能源系统 + 智能系统"这一复杂系统的构造及其运作更加清晰化。

第一节　交通智慧能源的全景信息感知

与传统的交通系统不同，交通智慧能源系统涉及的能源分布更为零散，涵盖了电、热、气、冷等多种能源，需要对能源生产、传输、消费、存储、转换整体能源链及整体交通系统的信息进行全面感知，以支撑交通智慧能源系统的运转。交通智慧能源系统对系统中的各个方面进行监测，涉及结构化、半结构化及非结构化等各类异构信息，包括设备状态、用电负荷、需求响应等各个业务领域，还包括天气、地理环境，甚至涉及社会经济和消费者信息。

一、掌握天气环境变化

天气环境对交通系统能源的供给产生一定的影响，如在光伏发电方面，在晴朗万里和阴雨连绵的天气，光伏发电功率有明显的差别。恶劣的天气会导致交通效率降低，而低效率的交通会增加单位能耗。此外，受到天气的影响，居民可能会改变其原有的出行计划，从而也改变了交通系统的能源消耗。

二、适应经济与政策变化

居民对交通工具的选择会受到社会经济因素和政策变化的影响，这直接影响到交通系统能源的利用。社会经济因素会改变汽车的使用成本，包括购买成本和运营成本，进而对居民交通工具的选择产生影响。例如，电动汽车的购买成本和电池生产成本密切相关，而其运营成本则受到电价格、当地汽油价格、车辆维护成本、电池寿命和温度的影响。了解了居民汽车使用成本的影响因素，能更好地对居民交通工具的选择进行预测，从而帮助城市管理者实现更有效率的基础设施规划。

气候政策通过行政干预和激励措施对居民的交通工具选择产生影响，麻省理工全球排放预测与政策分析模型对基准愿景（Reference Scenario）、巴黎协定愿景（Paris Forever）和国际气候政策愿景（Paris to 2℃）进行模拟的结果表明，到 2050 年，全球轻型车中的电动汽车份额将增长到 33%；而在巴黎协定愿景和国际气候政策愿景的条件下，此份额分别增加到 38% 和 50%。

三、了解汽车拥有者行为模式

家庭规模、构成、收入及其居所特征等人口统计信息和诸如"汽车自豪感"

等对不同交通方式的态度，作为汽车拥有者行为模式的某种表征都会显著影响其对交通方式的选择，进而对城市交通能源消耗产生影响。一项针对美国城市的调查表明，与社会人口统计信息（包括收入等）相比，个人的态度（包括"汽车自豪感"等）是预测家用汽车拥有量强有力的指标，纽约市和休斯敦驾驶者的"汽车自豪感"更高，汽车拥有率也更高，而这也意味着更高的交通能源消耗量。

四、分析交通能源负荷

百度智慧交通开放平台等智慧交通平台能够提供热力分布、出租车 GPS、交通路况、路网结构、路程 GPS、交通事件及出行强度趋势等数据，能够为城市路网交通态势监测提供可视化服务。借助于这些交通信息，管理者能够对城市区域的交通能源负荷进行分析，以获得交通能源供需关系，管理者能够使用城内出行强度信息对未来的出行趋势进行分析和预测，对利用发电调控技术对能源供应进行优化组合提供支持，以统筹协调可再生能源与灵活发电能源的发电量。另外，管理者还可以发现交通负荷中存在的问题，以及实施道路规划和交通管控的节能潜力。北京首都国际机场出行强度趋势如图 6-1 所示。

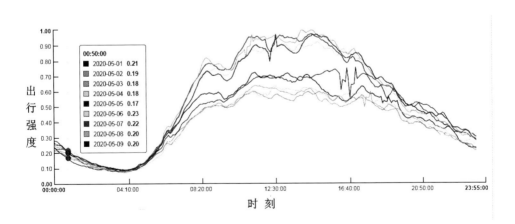

图 6-1　北京首都国际机场出行强度趋势

（图片来源：https://qianxi.baidu.com/2020/）

五、减少"里程焦虑症"

电动汽车的出现提高了城市交通能源体系的灵活性，同时还为新能源的利用提供了更多的可能。但是由于电动汽车在续航上无法和传统燃料汽车相比，出行者担心在电动汽车行驶过程中可能会面临动力供给不足的情况，从而产生里程焦虑症（Mileage Anxiety，MA）。而借助于车载软件，电动汽车驾驶者可以获取电动汽车的实时运行信息，如车辆的充电级别、结余电量、电池运行状态、行驶里程、充电记录等，将帮助管理者更好地实现电动汽车的充电调度。结合城市中公共充电站的使用信息，管理者能够对电动汽车驾驶者的充电路线进行规划，最大限度地减少驾驶者充电的排队时间，减轻驾驶者行驶过程中的焦虑。

第二节 交通智慧能源的一体化体系构建

一、交通智慧能源的供应

交通智慧能源供应模式依赖交通能源互联网，交通能源互联网是集能源流与信息流于一体的多能流复杂网络。能源流是指在能源互联网中流动的电能，信息流则是指在能源互联网中传递的电力微信息（如电压、电流、功率等），以及行车轨迹、交通状况等信息。交通能源互联网能源供应模式如图6-2所示。

1.传统模式

传统的交通能源供应模式为"源网荷"模式。其中，"源"是指经过牵引变电所和电动汽车充电站转变后供牵引供电系统和电动汽车使用的电能，供电方式单一，主要依赖城市大电网进行供电；"网"是指城市大电网，其虽然具备一定的开放性，但是可控性较差；"荷"则是指被动的交通负荷，其仅为电能消耗的单元，而没有充分利用交通负荷的可再生特性，缺乏负荷与系统之间的协调互动。与新型交通能源供应模式相比，该模式在系统架构和运行流程上均存在实质性的差异，特别是由于缺少储能过程，大大降低了交通能源供应所必要的弹性和灵活性。

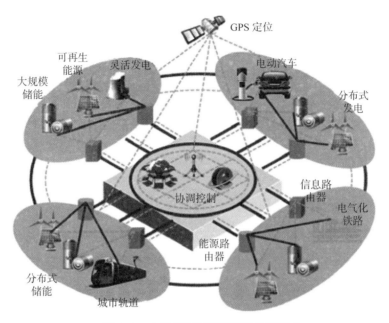

图 6-2　交通能源互联网能源供应模式

[图片来源：张丽 . 交通能源互联网体系架构及关键技术 [J]. 工程技术（文摘版），2017，19（12）：126.]

2. 新型模式

新型的交通能源供应模式不仅将传统架构扩展为"源网荷储"四部分，而且各部分的内涵也发生了很大变化。其中，"源"是多种传统能源和新型能源的总称；"网"在开放性的基础上更具稳定性，并且为各种异构能源的接入提供接口，实现即插即用；"荷"由被动负荷转变为主动负荷，交通负荷不再仅是电能消耗的单位，还具有充放的特性，能够通过需求侧响应技术，参与电力系统的负荷调峰与二次调频；"储"作为电能的中转站，能够平抑能源供给与交通负荷需求之间的不平衡性，尤其能在平抑可再生能源与交通负荷的双重间歇性与波动性中发挥重要的作用。

二、交通智慧能源的管理

1. 角色扮演

交通智慧能源是一种全新管理模式，可简称为"车桩路网人"。其中，"桩"即充电桩，它扮演了"中间人"的角色，在物理层面连接了作为能源消耗单位、分布式移动储能资源的汽车和作为电源的电网，成为电动汽车接入电网的接口。在信息层面，充电桩接收电动汽车与电网发布的信息，包括电动汽车电池容量、行车位置、用户行为特征等信息，以及电网负荷需求、容量需求、辅助服务需求等调度指令，在综合优化后形成互动策略，并反馈给双方。

2. 角色弹性化

智慧交通角色弹性化表现为系统中的各部分不再扮演单一角色。新能源汽车能够融入城市大电网中，在"储"与"荷"两种角色之间相互转化，除了作为消耗电能的单元外，还可以在非能源消耗时间存储城市能源网中多余的能源供给。充电桩直接与相关电网并网，一方面作为储能角色缩短了输电距离，减轻了电网高峰负荷；另一方面作为能源网络的中转，既可以给新能源汽车充电，又能把多余的电力并入电网。2016 年，上海市建立了第一个电动汽车太阳能充电站（Solar Charging Stations），能够借助于光伏板将太阳能转化为电能，实现了光伏发电并网运行。

3. 角色互动性

互联网将分散的交通能源资源整合到统一平台，形成电动汽车、充电桩、道路、电网、驾驶者之间的互动，能够实现电动汽车的有序充电，进而对电网负荷产生积极影响。电动汽车可以利用配电网谷期容量进行充电，帮助调节交通能源输出。通过调节交通能源的输出，交通能源能够降低尖峰负荷和峰谷差，改善负荷曲线；同时还可以平抑新能源所产生的负荷波动，减少新能源的弃风、弃光，改善电能质量，增加配电网供给侧资源的种类，在提高配电网灵活性和效率的同时，降低了配电网的建设改造成本：配电网扩建容量减少约 78%，资源利用率可提高约 34%，负荷率可降低约 42%。具有分布式移动储能资源属性的电动汽车还能够提高电网事故支撑能力，即配电网发生故障时能够调用用户资源支撑配电网恢复供电行为。

4. 新角色的出现

智慧车联网及其延展子系统是信息网、交通网和能源网有机融合的系统性网络，是交通智慧能源管理中的网络配置，实现了电动汽车、充电桩、道路、电网、驾驶者等关键要素的联通和多元一体化综合服务体系的构建。车联网应用"大云物智移"技术构建集充电服务云、汽车服务云、能源服务云、大数据＋增值服务云于一体的智慧车联网云平台，实现充电、设施运维、设备接入、用户支付、清分结算、电动汽车租售、出行服务、增值拓展、行业客户综合服务等全环节智能化。将智慧车联网与能源网、交通网和信息网联通在一起，能够实现系统内各要素的相互关联和数据共享（图 6-3）。

图 6-3 智慧车联网实现了多网互联互通

（图片来源：https：//graph.baidu.com/api/proxy？ mroute=redirect&sec=158908181304
9&seckey=443facef23&u=http%3A%2F%2Fwww.yuanshihui.cn%2Fdetail%2Ff3cc9cd9927c0
3f3f617469c）

第三节 交通智慧能源的基础设施建设

一、交通设施与能源供给的融合

1. 路边风力发电机

交通设施和能源供给的一种新融合方式是零能耗的交通设施。巴基斯坦一位年轻的企业家发明了一种路边的小型风力发电机，可以利用过往车辆所产生的风力进行发电，该发明已经获得了壳牌集团的资助及联合国的奖项。该发电机高 2.5 米，由可回收的碳纤维制成，重量仅为 9 千克，电池满电容量为 1000 瓦，可供两盏路灯和一个风扇使用约 40 小时，适用于发展中国家城镇与农村的交通信号灯及道路标志的供电。图 6-4 为一辆汽车通过苏格兰东海岸邓迪附近道路一侧的路边风力发电站时的情景。

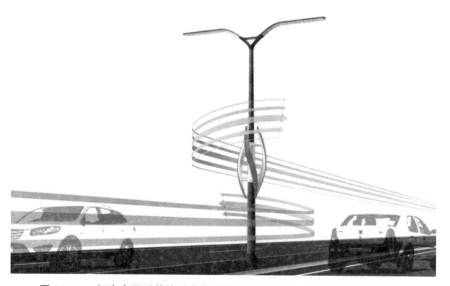

图 6-4　一辆汽车通过苏格兰东海岸邓迪附近道路一侧的路边风力发电机
（图片来源：https://ecoinsite.com/2010/02/tak-studio-combines-roadside-lighting-and-wind.html）

2. 光伏路面发电：绿色超级路

光伏路面即绿色超级路，是零能耗交通设施的另一项重要实践（图6-5）。2006年，美国爱达荷州电子工程师斯科特·布鲁索首次提出了用太阳能板代替传统沥青混凝土来建造太阳能公路的设想。光伏路面是在路面直接布设承压的光伏电池发电层，将交通基础设施和能源供给设施深度融合，突破了传统的架立式太阳能光伏电池板所面临的地形、朝向和土地使用限制，在实现交通功能的同时进行太阳能光伏发电。

图6-5　光伏路面发电技术：绿色超级路

（图片来源：https://www.sohu.com/a/201333436_589895）

3. 大型充电宝：光伏高速公路

2017年12月28日，全球首段光伏高速公路在山东济南亮相，这种路面的最上面一层是类似毛玻璃的半透明新型材料，摩擦系数高于传统沥青路面，保证轮胎不打滑的同时，还拥有较高的透光率，可以让阳光穿透，使下面的太阳能电池把光能转换成电能，实时输送到电网，犹如一个巨大的充电宝。在冬季，这段路面还可以将光能转化为热能，消融冰冻积雪，确保行车安全。该段路面下还预留了电磁感应线圈，通过配套电动汽车无线充电技术，可实现电动汽车行驶间充电。此外，预留的信息化端口还可接入各种信息采集设备，车辆、拥堵状况等信息将汇聚成交通大数据，成为支撑智慧城市治理的一部分。

4.桥梁发电：智慧供能桥梁

依靠发电机和太阳能电池组，智慧供能桥梁能够对桥梁下的水能、空中的风能及桥上方的光能充分利用。桥梁发电与相应的接口进行网络匹配，对后级电路提供稳定的电压。在白天，发电设备所发电量优先给蓄电器充电，待蓄电器充满后，所发电量通过并网逆变器向桥梁附近的外部电网供应。在夜晚，发电设备所发电量优先供给路灯等桥梁负荷，多余的电量则供给外部电网；当自身发电不能完全满足负荷需求时，蓄电器开始供电，随着储存电力的消耗，外部电网开始向桥梁系统供电。例如，武汉长江大桥经过改造，除满足自身的电力需求外，还可以向外部提供超过250万千瓦的电量。

二、电动汽车充电设施

1.充电设施类型

电动汽车充电设施可以根据功率级别和位置进行区分。根据功率级别可以划分为1级充电设施（低功率）、2级充电设施（中等功率）、3级充电设施（大功率）及极速充电设施；根据位置的不同，充电设施分别用以满足不同情况下的电力能源需求，包括家庭充电、工作场所充电、公共充电设施、快速充电、电池交换和无线充电等基本方式。这些充电基础设施都可以用于插电式充电汽车，包括电池动力汽车（Battery Electric Vehicles，BEVs）和插电式混合动力汽车（Plug in Hybrid Electric Vehicles，PHEVs）。

2.家庭充电

借助于住宅中现有的电源插座或专用的2级充电桩能够为停放在家中的电动汽车充电，根据美国能源部公布的2019年的相关数据，美国有超过80%的电动汽车充电是采用家庭充电方式完成的。家庭充电是其他燃料汽车所不具备的功能，得益于这项功能，用户能够在夜晚休息时对电动汽车进行充电，既可以省去充电带来的时间成本，又可以将能源需求从电网使用高峰期的白天转移到低谷期的夜晚,更加有利于城市电网的平衡。

3. 工作场所充电

企业可以在其停车场安装一组 2 级充电桩,用于在工作时间为员工的电动汽车充电。工作场所充电为家庭充电不便的员工提供了帮助,能够改善员工的出行习惯,进而实现节能减排。成立于 2015 年的名为清洁空气领导者(Leads for Clean Air,LFCA)的公益组织致力于帮助企业实施工作场所充电,通过和美国犹他州落基山电力(RMP)项目展开合作,帮助企业新建的电动车充电站获得资金支持,用以降低企业充电桩的采购及安装成本。截至 2018 年,该组织已经帮助企业建设了 200 多个充电站。

4. 公共充电设施

公共充电设施是指在公共场所安装的 2 级充电桩,是家庭充电和工作场所充电的补充,能够为所有途经或停留在公共场所的电动汽车进行充电。特斯拉等企业会为其客户提供公共充电站,如特斯拉已经在城市地区的商店和购物中心等便利的地点安装了大量的超级充电站(Superchargers),用以满足其客户的充电需求。截至 2019 年,特斯拉已经在亚洲、北美、欧洲等地区建立了 1870 个充电站,拥有 16 585 个充电桩。

5. 极速充电

极速充电是一种快速的充电方式,和一般的充电方式相比,极速充电能够降低一半的电动汽车充电时间成本,通常为安装在高速公路等场所的 3 级充电桩。2017 年,美国能源部拨出 1500 万美元用于推动极速充电技术的开发,奥迪、保时捷、特斯拉等汽车生产商也加入到极速充电技术的竞争之中,如保时捷计划推出 350 千瓦的充电站,该充电站能够在 15 分钟内充满电动汽车电池 80% 的容量。

6. 电池交换站网络

在电池交换站网络(Battery Swap Stations Network,BSSN)上进行电池交换,相当于拥有可以实时充电的电池库。借助于自动机器人系统,用户可以在一个电池交换站中将电量用尽的电动汽车电池更换为充满电的电池。这种方法可以大幅减少电动汽车的充电时间，在效率上可以和传统汽油车的加油效率相比。蔚来汽车和北汽新能源合作，在国内建设电池交换站。2018 年，蔚来汽车在全国 9 座城市部署了 80 个换电站，从北京到东莞，蔚来 ES8 车队以"换人不换车、换电不充电"的方式，连续 33 小时完成了行程 2234 公里的京港澳高速换电行。

7. 无线感应充电

无线感应充电是指通过电磁感应为用电设备充电，而无须将用电设备物理连接到电源，其包括固定无线充电技术和动态无线充电技术。目前，固定无线充电技术已经可以用于一定数量的电动汽车车型，如 BMW 530e 等。为了实现固定无线充电，需要在车辆上及停车处安装感应线圈及电力电子设备，帮助实现充电过程的无缝运行。汽车行驶时的动态无线充电则是另一种无线充电方式，采用这一方式需要将无线充电系统嵌入道路基础设施。

第四节　交通智慧能源的多源聚合供应

在交通智慧能源体系中构建多源聚合供应（Multi-energy Aggregate Supply，MeAS）系统，通过对交通能源的协同规划与控制，实现交通能源供需的动态平衡，以及可再生能源、储能电源等的即插即用。

一、新能源化

1. 先进动力选项

内燃机车辆已经不再是居民出行的唯一选项，油电混合动力汽车（Gasoline Electric Hybrid Vehicles，GEHVs）、插电式混合动力汽车、电池动力汽车和燃料电池汽车（Fuel Cell Electric Vehicles，FCEVs）已经成为新的替代方案，和传统的汽车相比，电动汽车对节能减排的贡献度会更高。根据麻省理工学院能源计划（MITEI）的调查，在美国电网电力运行条件下，电池动力汽车平均每英里包括车辆和电池的温室气体排放量约为类似尺寸的传统内燃机汽车排放量的55%。油电混合动力汽车、插电式混合动力汽车、燃料电池汽车每英里的温室气体排放量约占传统汽车排放量的72%～73%。

2. 替代性燃料

新能源汽车也称为代用燃料汽车，指采用非常规车用燃料作为动力来源的汽车，新能源汽车的出现是新能源在智慧交通领域应用的重要体现。新能源汽车包括燃气汽车、燃料电池汽车、纯电动汽车、液化石油气汽车、氢能源动力汽车、混合动力汽车、太阳能汽车和其他新能源汽车等，其废气排放量较低，有利于改善空气质量。近年来，新能源汽车在国内取得了长足的进展，据2019年统计，我国新能源汽车产销量分别达到124.2万辆和120.6万辆，累计保有量达到381万辆，连续4年位居世界第一，占全球市场产销量与保有量的50%以上，代用燃料已成为我国领先世界的行业之一。

二、多源互补协调模式

多源互补协调模式旨在实现交通智慧能源系统中的可再生能源渗透（Renewable Penetration，RP），高渗透率的可再生能源并网后将提高交通能源系统的供能质量和安全可靠性，有助于实现交通系统的能源转型。

1. 横向模式

风电与光电等可再生能源具有空间上的分布不均匀性及随时间的波动性，导致其供给稳定性较低，而传统的燃气轮机和燃料电池等能源灵活且易于控制，能够对能源供给目标做出快速响应。以电力为中心开展区域范围内的多能源联合优化和协调控制，创新能源应用模式，能够推动高渗透清洁能源便捷友好并网和高效利用，实现多种新能源灵活接入和集中管理。将不同的能源供给方式进行互补协调，利用调控技术将交通能源供需进行优化组合，统筹协调可再生能源与灵活发电能源的能源供给，能解决交通能源供给受环境和气象等因素影响而产生的随机性、波动性问题，使可再生能源与灵活发电能源协调互补。

2.纵向模式

交通智慧能源体系通过直流、交流供电网络架构实现"源"（包括风力发电、光伏发电、水力发电等）、"网"（包括能源网、交通网等）、"荷"（包括电气化铁路、城市轨道交通、电动汽车等）、"储"（包括超级电容器、蓄电池等）的有效连接，使得交通智慧能源体系中的能源流更为复杂多变。为了实现交通能源互联网安全、高效、环保、可持续的能源利用模式，需要构建多级协调式能源管理系统。多级协调式能源管理系统的实现则需要主网级能源管理系统、区域级能源管理中心，以及分布式电源、负荷、储能等设备级本地控制器的自律协同。

第五节　交通智慧能源的广域协调控制

一、广域协调控制

传感与通信网络采用无线通信技术、分布式信息处理技术等先进技术，对交通能源"源网荷储"系统及环境等监测对象的信息进行采集，并通过嵌入式系统对多元信息进行处理，将实时信息发送至计算分析平台与控制中心，从而实现交通能源系统的广域协调控制（图6-6）。交通能源互联网构建了高速稳定、安全可靠、兼容性强的新型通信架构，该架构采用了光纤专网、无线专网、电力线通信等多元通信方式，可以应用于不同的通信需求场合，保证各个环节的通信安全，实现了通信系统的便捷性与兼容性。

图 6-6　交通能源系统的广域协调控制

(图片来源：https://www.governmentnews.com.au/type_contributors/a-mobile-future-for-a-smart-australia/)

二、交通能源互联网

交通能源互联网是交通能源系统与信息系统融合的产物，具有产业信息密集交叉的特征。交通能源互联网以交通能源云为核心，在智慧云平台上，将交通能源的各利益方都集中整合到资源池，通过各个资源的互动，从而降低成本、提高效率。交通能源互联网利用云计算中心，在交通能源的使用调配过程中，能够实现交通能源数据的实时快速获取和处理，从而实现交通能源数据的实时共享和传输。交通能源互联网通过各子系统之间的耦合和协同，以多种方式传递交通能源供需或道路信息，并给出交通能源管理方案，最大限度地提高整个交通系统能源的传输和管理效率，同时利用人工智能技术进行交通能源调度（Transportation Energy Dispatch，TED），实现交通能源均衡化。

三、就近消纳

就近消纳（Near Consumption）是交通能源的一种重要消纳方式。首先根据交通行车运行资料，获得各区域内交通负荷特征，结合电动汽车用户的充电行为特征，得到交通负荷功率需求的时空分布模型；在此基础上，根据该区域内可再生能源的分布特征，对可再生能源发电进行选址定容，因地制宜地协调规划各个区域内的多元能源资源，降低能源的边际成本，提高交通车辆的就近消纳积极性。通过在可再生能源与传统能源之间建立完善的利益协调机制，引导交通能源调峰，促进能源多发满发，实现能源的就近消纳。

四、负荷平衡

面对交通能源消耗的多变性及交通能源的信息交换是以整体形式完成等复杂状况，交通能源网络的负荷平衡（Load Balancing，LB）具有挑战性。能源供给侧的发电量、需求侧的交通负荷及储能侧的荷电状态等基础数据，需根据云端引导的动态交通负荷状况，同时考虑储能设施、发电与负荷之间的功率盈余及缺额做出响应，才能真正实现动态的"负荷平衡"。电动汽车通过充电站协调能源系统负荷平衡如图6-7所示。

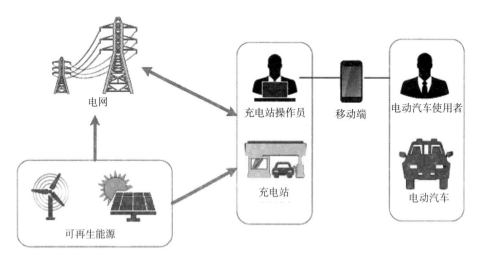

图6-7 电动汽车通过充电站协调能源系统负荷平衡
（图片来源：http://www.mdpi.com/1996-1073/7/4/244）

五、充电调度

同时能够处理多个充电请求，通过实施充电调度减少电动汽车充电的总体等待时间，缓解由于充电需求引起的局部交通拥堵，并使各个充电站的充电负荷分布更加均匀。通过从交通能源网络中获取电池容量、充电时间、运输需求、电力消耗及实施路况等信息生成用于电动汽车充电和电池交换的仿真系统，能够对电动汽车的充电路径进行规划。在全球拥有规模最大、电子充电站最多的设备运营商 ChargePoint 开发了首个企业级电动汽车充电优化平台（ChargePoint ECO），以实现汽车与能源生态系统的整合。通过使用开放标准和协议，该平台能够和各种设备及软件集成在一起，进而实现电动汽车充电、电力负荷表、微电网资源、车辆远程信息处理、车队管理和调度等一系列的电动汽车充电部署，此外还可以实现车辆和其他现场资源充电活动的实时可视化。

六、按需出行

互联网技术的急速发展扩大了城市环境中移动解决方案的选择范围，并催生出大量的按需共享移动平台。按需出行系统提升了一部分人的出行可达性，灵活的需求响应路径为城市节能减排提供了新的潜力（图6-8）。例如，面向各类自动驾驶需求响应车辆的交通网络系统，可以提供"最后一公里"的解决方案，以更高效的出行替代方案减少交通拥堵和排放。美国运输安全管理局制订了一项按需出行计划，该计划通过使用按需信息、实时数据和预测分析，为出行者提供最佳的出行方案。

图 6-8　在提升出行可达性的同时也成为城市节能减排的一种方式

（图片来源：https：//www.ucl.ac.uk/bartlett/energy/news/2017/apr/now-open-fully-
funded-phd-studentship-travel-demand-modelling-mobility-service-big）

七、覆盖路线

　　提供更为便利的公共交通能够降低居民对其他交通工具的潜在需求，公共交通一方面需要提供足够的覆盖路线来满足居民的交通出行需求；另一方面也要避免提供过多或过少的交通服务所导致的覆盖路线不平衡问题。通过数据共享和智能系统能够为公共交通系统提供最优的覆盖路线，极大地提高公共交通系统的运行效率并降低能源消耗。丹麦将 5 个主要运输系统联合起来创建了一个全国性的需求响应运输服务公司，该公司通过资源共享对公共交通路线进行规划，避免了公共交通系统覆盖路线不平衡的问题，减少了空车运行或某些地方运力不足的现象，实现了更高的交通效率。

参考文献

[1] BAGHERZADE S, HOOSHMAND R A, FIROUZMAKAN P, et al. Stochastic parking energy pricing strategies to promote competition arena in an intelligent parking [J]. Energy, 2019, 188 (12)：1-18.

[2] KIMBLE C, WANG H. China's new energy vehicles：value and innovation [J]. Journal of business strategy, 2013, 34 (2)：13-20.

[3] LIU D N, XU E F, XU X F. "Source-Network-Load-Storage" Integrated operation model for microgrid in park [J]. Power system technology, 2018, 42 (3)：681-689.

[4] MIT Energy Initiative. Insights into Future Mobility [M]. Cambridge：MIT Energy Initiative, 2019.

[5] SAAD, PARVAIZ, DURRANI, et al. Photovoltaic yield prediction using an irradiance forecast model based on multiple neural networks [J]. Journal of modern power systems & clean energy, 2018, 6 (2)：255-267.

[6] VENKATASWAMY R, JOSEPH T M. Optimal charging strategy for spatially distributed electric vehicles in power system by remote analyser [C]// International conference on remote engineering and virtual instrumentation. springer, Cham, 2019.

[7] WANG J B, YANG X, BAO W, et al. Strategy for grid-connection control of photovoltaic system [J]. Advanced materials research, 2014, 1070-1072：35-38.

[8] ZHANG Q, WANG H, SONG Y B. Efficiency evaluation algorithm of SDN for energy internet [C]// 2017 7th IEEE International Conference on Electronics Information and Emergency Communication (ICEIEC) . IEEE, 2017.

第七章 ····◉

社区智慧能源

社区级综合能源管理系统主要以社区为单元部署，实现能源的协调优化管理，通过楼宇级综合能源管理系统实现社区居民住宅、办公楼群、商业街区及公寓式住宅等建筑内部能源协调优化和负荷控制功能，并通过对社区中的公用设施资源如社区储能、分布式电源、电动汽车充放电设施、路灯照明等构建的能源管理系统进行管理，实现社区各能源管理系统的协调运作和优化运行，完成低碳社区的能源优化目标。社区的智慧能源管理系统是以人为中心，通过对社区内楼宇各种用能设备及公共设施建立智慧能源系统，对社区的综合能源进行管控，从而为社区居民提供一个舒适、低碳的居住及生活环境。

第一节　社区：能源网络基因组

一、能源网络基因组

社区是组成城市的基本元素，从互联网视角看，若将城市能源系统视为复杂网络，则社区能源系统是其子网络。换言之，智能社区型能源互联网是城市能源网络的一部分，社区是城市能源网络中的节点，其既可与公共能源网络连接，又可独立运行，被称为城市能源网络基因组（Network Genome，NG），因此，社区的能源管理系统已成为城市能源管理的关键环节。其中，城市中社区按功能可分为住宅社区、教育社区、商业社区等。住宅社区是一种以居民居住行为为核心的空间场，居住房屋按房屋类型主要分为普通单元式住宅、公寓式住宅及户型住宅等，其中公寓式住宅主要是指学生公寓；教育社区是学生群体共同意识形成和共同价值观念产生的社会化学习的特殊场所；商业社区是以社区范围内的居民为服务对象，以便民、利民，并且满足和促进居民综合消费为目标的属地型商业。社区办公用房等建筑是社区居民议事、解决社区矛盾、开展社区组织活动、办理居民事务的重要场所，是为社区居民提供良好的服务、建设和谐的社区环境、开展社区工作的基础条件。

　　未来的可再生能源供给将来源于各个社区、屋顶的发电端，其替代集中式的大型发电站为社区供能。智能社区能源管理系统综合运用各种现代通信、控制及信息化技术，实现对社区电、气、水、热、冷及分布式能源与微网等综合能源的实时监控和优化管理，创新性地实现能源从生产、传输到使用的全过程监控及科学管理，提高能源综合利用效率；同时充分利用可再生能源，提高可再生能源在终端能源消耗中的比重，降低对化石能源的需求和依赖，实现清洁能源替代，构建低碳化社区。

二、社区运营商

　　社区运营商（Community Manager，CM）负责整个社区能源互联网的运营，以及热电联产微燃机组等各种能源系统的管控，并与电网及能源产消者进行电能交易。每个用户用电负荷中有一定比例的可调节负荷，如电动汽车等，因此，其具备需求侧自动响应能力。社区运营商可购买产消者剩余的光伏出力，并在产消者光伏出力不足以满足负荷需求时为其提供电力供应。社区运营商自身并不消耗电能，更多的是扮演管理者的角色，从能源交易中获取利益。

三、社区综合能源管理系统

社区综合能源管理系统主要实现上级电网与辖区内所有能源的协调优化运行，一方面对外接收城市电网调度控制指令及实时电价等信息，对上级电网提供能源支撑，实现电网安全运行；另一方面对内接收下级社区内的楼宇综合能源管理系统、分布式能源站、储能系统等能源管理系统上传的电源和负荷可调度容量信息，通过实时监控数据，进行调度容量分析，并综合上级电网和用户侧需求，进行调度指令分解下发，切换系统运行模式，实现社区能源的优化运行。典型的社区综合能源管理系统架构如图 7-1 所示。西门子推出的基于频谱功率（Spectrum Power，SP）的分布式能源微网系统管理平台是社区综合能源管理系统的一个实例，在社区微电网需要进行独立运行时，控制系统将识别并削减不必要的负荷，使微电网平稳过渡到孤岛模式，并通过控制算法预测微电网的用电负荷，比较冷热电联产系统机组和电网供电的综合成本，从而选择更加经济可行的管控方案。

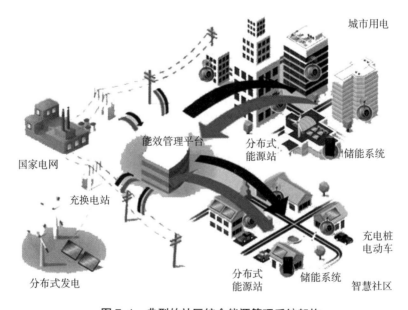

图 7-1　典型的社区综合能源管理系统架构

（图片来源：https://www.sohu.com/a/162964324_99901228）

第二节　居民住宅场景

一、居民电力负荷分解

在居民住宅中，每一个电器设备启动、运转时电流都会发生变化，家庭智慧能源网关通过对电器运转时电流的变化进行自动比对，就能精准识别电器设备，对电器状态及能耗进行实时诊断。通过应用智慧能源网关（Smart Energy Gateway，SEG）技术可对用户用电信息进行电力负荷分解（Power Load Decomposition，PLD），实时记录不同家电的开启时段、功率大小和用能情况等信息。除此之外，家庭智慧能源网关可以通过物联网技术将细微的电流变化上传到终端服务器，经过边缘计算、大数据平台等实时分析其波形变化，并通过手机 App、微信公众号等渠道推送，使居民电能消费可视化，帮助用户更加科学、合理地用电。国家电网上海电力试点通过安装居民住宅智慧能源网关实现居民电力负荷分解，为居民勾勒出一幅更精准的用电行为画像，提供更加个性化的定制服务。

二、热调节和热计量

通过将以室温调节为核心的末端通断调节技术应用于居民住宅，可依据各住宅阀门开启时间实现热调节、热计量及合理的热费分摊。该技术可保证居民住宅良好的温控，能够解决阴面与阳面、近端与远端失调问题，实现按需供热，如周末、春节、寒暑假等节假日的低温调控等。韩国居民住宅广泛应用的电热膜供热系统可分户、分单元或楼层实行热计量，用户可自由控制供热温度。同时，供热系统对采暖建筑供热时，在任何室外温度下，都能使室内温度达到供热设定温度 ±2℃。

三、紧急电力分配

在自然灾害如台风、地震较多的地区，如何在灾难发生时也能够让电力系统维持正常运转是一个重要的课题。应用持续性运营计划，能够在发生大规模灾难的时候合理分配紧急用电，以确保人员安全。灾害多发的日本东芝社区就提出了通过建筑物能源管理系统（Building Energy Management System，BEMS）合理分配紧急能源，使关键设备持续供电最大化的智能解决方案。当发生灾难时，迅速实现电力分配控制，对空调、照明、电梯和其他用能设备进行分区域优先级别的控制，并利用紧急发电机持续供电 3 天，同时借助于传统的红外线传感器实现图像传输，这样也可以减少在无人状况下空调和照明能源的浪费。

四、社区用能可视化

在法国里昂智能社区中，引进了被称为"OMOTENASHI HEMS"的家庭能源管理系统。通过该能源管理系统可预测居住者的生活习惯，根据不同的生活场景自动控制空调等各种家居设备的运行模式，并将其以可视化的方式推送给用户，居民不仅可以通过平板电脑、计算机等灵活选择自动控制菜单和节能空调设定等选项，还可以实时确认住宅的能源消耗情况。能源管理系统的使用使能源消耗降低 10% 以上。日本柏叶新城在住宅中导入了居民住宅智能管理系统，实现了家庭用能的可视化，旨在通过可视化提高居民的参与意识，同时提供更为环保的生活方式。该系统以专用平板电脑、计算机、智能电话为平台，除了显示各住户的 CO_2 排放量之外，还能借助于 AI 功能，根据各住户的能源使用情况提出相应的节能建议。图 7-2 展示了智慧社区住宅能源可视化。

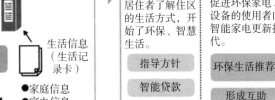

图 7-2　智慧社区住宅能源可视化

（图片来源：http://www.pinlue.com/article/2017/08/1210/183985595104.html）

第三节　办公楼群场景

一、能源负荷监测

能源负荷监测系统（Energy Load Monitoring System，ELMS）通过智能设备、智能插座或智能电表获取智慧能源管理系统中的办公楼能源负荷信息，并对各种设备能耗进行实时监测和统计，并通过智能设备本身获取智能设备的相关参数和运行状态，如热水器的水温等，以精准而翔实的数据为基础，利用能耗监测系统实现能耗计量、定额管理、能耗动态趋势分析、能效分析诊断、用能模式分析、节能潜力挖掘、节能效益评价及用能干预等。同时，对运行数据进行报表管理，按照使用单位实际管理需求，定制用能报表，包括年报、月报、日报等，辅助能源管理决策。例如，在复旦大学光华楼办公建筑的节能改造项目中，对办公区域的辅助设施安装智能插座控制系统，完善了用能计量检测管理系统，通过复旦大学节能监管平台的电表实际读数计量，对办公楼用能负荷进行监测并调整。经过用能数据审核及节能技术应用的评定，光华楼一年综合节电量约为 179 万千瓦时，节电率达 22.5%。

二、楼宇供热节能

在冬季，办公楼宇供热消耗是能源消费的主要部分，且用能性质与住宅正好相反，晚间的能源消耗相对较少，所以，办公楼宇供热系统的节能控制是实现社会整体节能的重要环节之一。公共楼宇供热节能技术（Public Building's Heating Energy-Saving Technology）基于整个楼宇进行控制，主要适用于用热时间较集中、使用时间阶段性较强的公共性质场合。通过供热节能器的自控装置实现楼宇热入口处的调节，实行分时段供暖模式，从而大大降低能耗。同时，公共楼宇供热节能器可以实时监测、调节供热情况，并把情况反馈到监控中心，确保监控中心能及时进行控制和平衡，极大地提高了供热的精确度，取得了较好的经济和社会效益。瑞典的大部分办公楼采用区域供热，即集中供热，通过在办公楼宇供热设施上安装室外探测头，室内温度被预设为某个恒温，当室外温度升高时，供热中心供热就相应减少；当室外温度降低时，暖气供热温度就相应提高。因此，即便是在夏季，如果温度骤降，暖气也会立刻开启，使瑞典的室内一年四季都基本保持在适宜的温度。

三、楼层配电控制

在楼层配电室的低压出线回路上安装多功能电力监控终端，对楼层内的详细用电进行统计分析，并远程集中控制重要低压出线回路的通断，以此实现楼层的配电控制。同时，依据监测数据的分析结果并结合后勤管理，对建筑用电进行精细化管理，避免不必要的能源浪费。多功能电力监控终端在对用电能耗进行计量的同时，也可对回路进行漏电监测，并实时获取柜内重要支路的线缆温度。当系统监测到线缆温度过高或回路中存在漏电等危险性信号时，多功能电力监控终端立即发出动作指令，切断所对应的供电回路。从系统报警到排险，直到恢复正常供电一整套程序化操作完成，保障了供电系统的可靠性和安全性。社区网络环境下的楼层配电智能控制系统如图 7-3 所示。

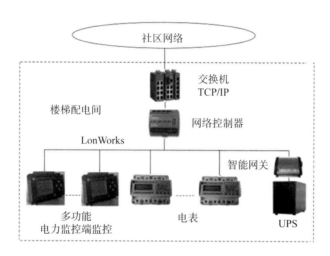

图 7-3　社区网络环境下的楼层配电智能控制系统

四、空调系统控制

通过部署传感装置、三相多功能电力监控终端、冷冻主机智能控制柜、冷冻泵智能控制柜等智能设备，对空调主机、水泵、冷却塔风机、末端等进行系统化的控制调节，实现按需用能，大幅降低空调负荷，并在必要时实现动态负荷管理需求侧响应（Demand Response，DR）。具体而言，在冷却水供回水总管上安装温度传感器，采集冷却水供回水温度；在冷却水泵上安装智能变频控制柜，通过采集相关的温度数据，实现冷却水变流量智能控制；通过采集冷却水温度、环境温湿度数据，采用现场控制器（DDC）对冷却塔风机进行台数和运行频率控制，实现冷却水供回水温度的定温控制。南京市建筑设计院通过多联空调系统与绿色建筑相结合，在空调控制系统上采用大金智能控制器，实现定时开关、温度限制等控制功能，并可根据用户不同的节能要求进行自定义，在系统节能的前提下，也为行为节能创造了更大的空间。

五、照明系统控制

采用照明控制终端可对办公楼宇照明进行精细化用能管理和控制，包括按需控制和集中控制。结合光照度传感器可实现按需照明的智能控制；采用人工远程控制、定时控制、照度控制、分组控制、感应控制、周期性控制、应急响应控制等多种控制模式可以进行集中节能控制管理。控制系统通过对办公楼宇各区域内的公共区域照明进行时段控制、工作段／非工作段控制等多种模式设定，能有效地提高照明灯具的自动化控制水平，减少非工作段忘记关闭照明灯具等情况造成的能耗浪费。同时，通过智能控制逻辑的动态控制，可以实现根据不同场景模式的功能需求，对不同灯光组合的开启、对不同灯光与设备组合的控制及对不同亮度组合的控制，实现灯光、窗帘、投影联动控制，做到"一键切换情景"，为现场环境提供舒适、合理的照度。除此之外，控制系统还可以实时监测每条公共区域照明回路状态，当出现故障时进行报警，提示物业人员及时维修。欧洲办公建筑空中广场的楼宇自动化控制系统（Building Automation Control System，BACS）通过无线无源技术，如 EnOcean 等，实现照明的智能化控制。当室内无人时，不必要的照明、暖通空调设备可以关闭；当室内有人时，照明、遮阳、空调系统则可根据室内的实际情况如光照、温湿度等自动调整，达到节能减排效果。

六、地热采暖制冷管控

利用地源热泵技术，通过办公楼宇管路系统将地下水在建筑楼宇内部完成热交换，可以替代传统的锅炉、中央空调或市政管网等供暖和制冷方式，被视为 21 世纪绿色空调技术。在供暖时，从深层地热开采井中提取高温地热水，经板式换热器将部分热量交换给风机盘管中所用的供暖循环水，也就是在基本不耗能的前提下，解决了一部分办公建筑的供暖热源。经热泵置换热量的地热水温度降至 15～20 ℃，再回灌地下，经过地层加热后，温度又自动升至 50 ℃以上。在制冷时，从浅层水源空调开采井中提取温度恒定为 15 ℃ 的浅层地下水，经过热泵吸收风机盘管中所用的制冷用循环水中的热量，风机盘管中所用的制冷用循环水温度降低，从而达到制冷目的。而热泵将提取的热量释放到开采出来的浅层地下水中，并经水源空调回灌井回灌至地下，回灌至地下后温度又变为约 15 ℃，如此周而复始。在此过程中，绝大部分热量来自地表，仅需少量电力即可循环地热水，达到高效节能的目的。美国 CLOCK SHADOW 大厦采用地下水源热泵进行供暖和制冷，供热时地下管内的循环水从地下抽取热量，供冷时向地下释放热量，这样地表与地热水构成了一个取之不尽、用之不竭的天然环保供能中心。

七、能量反馈系统

将存储在变频器电容中的能量逆变成与电网电压同相的电流，将电梯运行过程中产生的各种能量反馈给电网的系统是能量反馈系统（Energy Feedback System，EFS），在重新利用机械能的同时减少了发热，让电梯变成绿色发电厂为其他设备供电，从而达到节能的目的。在美道国际办公楼项目建设中，引入了电梯能量反馈系统，即电梯上行时耗电、下行时将电梯处于高处的势能转变为电能，为电机运行进行供电。此外，阻耗的减少改善了电梯控制系统的运行温度，不仅减少了空调等降温设备的使用，还延长了电梯的使用寿命，间接地减少了系统的电力消耗。

第四节　商业街区场景

一、店铺能源控制

商业街区店铺通过电力能源管理系统（Power Energy Management System，PEMS），实现了店铺检测照明、暖通空调、空气处理箱、排风机、通风设备等用能设备的统一监管与控制。电力能源管理系统实际上是一种用来统一管控店铺所有设备开关和用能负荷的系统处理器，其既可以实现统一的监控处理，又可以掌握店铺用能和节能数据，防止对设备有害的伪节能行为发生。此外，电力能源管理系统还可以实现感应节电，即通过红外测出某个区域或店铺无人时，则自动关闭照明、空调或背景音乐等设备。由松下集团联合埃森哲集团、日本设计、住友信托银行、三井物产和东京燃气等日本企业共同开发的藤泽可持续发展智慧小镇，将以建设通过电力与信息网络融合的智能街区为目的，实现松下科技与自然环境的完美结合，通过导入节能管理设备，实现以店铺整体为对象的节能控制，建成能源自循环型的可持续发展商业社区。

二、店铺能源管理

店铺能源管理平台会收集来自燃料电池、太阳能板及电池的数据，并监控一个商业街区场景下的能源供给和消耗，并将得到的数据反馈给社区能源管理系统。社区能源管理系统服务器对数据进行分析，报告当前电力负荷的趋势，并对电力负荷的峰值进行预测，实现对街区电力的稳定供给。远大能源通过对长沙黄兴南路步行商业街的实时能耗数据监测统计，形成历史能耗数据库，并依据这些详细的能源数据，采用能效诊断模型进行能耗预测，及时调整节能运行模式。

第五节　公寓式住宅场景

一、热网云平台

采用云计算和智能控制设备完成对热力系统自动检测与控制的系统称为智慧热网云平台（Smart Heat Network Cloud Platform）。通过热网数字化管理，将所有换热站现场仪表数据结合现代通信技术上传至数据库，通过数据调整及做出回应，以达到节能降耗的目的。例如，位于天津大学北洋园校区的 B 能源站实现了对区域内 28 个热力入口的源网一体化智能化管控，初期已实现总站及楼宇入口处阀门的智慧管控，预计节能 30% 左右。过去热网系统依赖手动操控，只能在能源总站调节总闸门的流量，而智慧热网云平台在每栋楼甚至每个房间都设立了智慧控制阀门，通过手机 App 远程操控，就能实现供热量的精细调节。同时，管控平台会收集能源站的供热情况、用户的使用习惯、供热地点的实测温度和气象资料等数据，仿真运行的孪生模型根据历史数据不断"学习"，推演出最佳的供热方案并反馈给管控平台，从而实现对整个供热系统的智能调节。智慧热网云平台能显示能源站内各个供热设备及其供水量的实时状况，如图 7-4 所示。

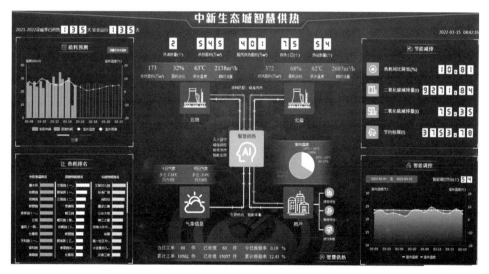

图 7-4　智慧热网云平台

（图片来源：http://103.233.4.29:1283/website/dist/index.html#/echoCity_storehose）

二、电开水器控制

通过在公寓配置智能插座或智能控制箱，对电开水炉、电热水器配电回路运行参数进行实时计量监测，在非工作时间可切断回路电源，既降低了电开水炉、电热水器等生活用电设备 24 小时一直通电运行的电耗损失，又避免了千滚水对人体的危害。南开大学学生公寓选用智能电控开水器就是一个典型实例，其通过对集成电路进行整体控制，实现进水、烧水完全自动化运行，而且还带有防干烧功能。开水器采用进口聚酯泡沫保温，开水如长时间没用完，水温下降后会自动加热保温，更加节能省电，同时利用电子液位自动控制进水，杜绝了混合水、阴阳水等问题。

三、恶性负载与断电管理

恶性负载（Malignant Load）是指常见于公寓式住宅的用能违章行为。通过实时监控公寓式住宅的用电功率，当功率超阈值时自动进行断电干预处理。例如，当使用电炉、热得快、电烫斗等大功率电器时，系统将自动识别出恶性负载行为，自动切断电源或报警，从而规避了安全隐患和恶性事故。同时，该系统还兼具自动检测电路漏电的功能，实现安全用电、降低损耗和提高公寓管理水平的目标。例如，华中师范大学公寓采用恶性负载识别器，根据监测瞬间的阶跃功率来识别是否使用了违章电器，并可根据公寓的不同情况自定义恶性负载率，提高使用者的安全意识，达到防患于未然的目的。

四、待机控制

将多联机空调系统（Variable Refrigerant Volume，VRV）通过通信接口及智能网关接入公寓智慧能源管理系统，利用三相多功能电力监控终端，在空调非工作时间和非工作季节切断其工作电源，实现室内机的定时、定温控制，对多联机空调系统进行集中管控，有效避免空调的待机能耗浪费。北京林业大学的新建公寓项目空调系统通过对 VRV 空调机组和新风机组进行监控，并采用焓值控制方法按预先编排的时间程序控制机组启停，利用电力监控终端切断工作电源，在很大程度上降低了能耗。

五、预付费管理

通过在公寓智慧能源管理系统嵌入第三方预付费模块，可实现按不同入住者的要求，设定不同付费模式。当用户入住公寓时先充值后用电，欠费后自动断电，完成充值后自动送电。采用无卡式设计远程充值，可以实时查看系统下面所有标记的当前用电状态，包括电表开关状态、关断原因、剩余金额、总用量、电流、电压、功率、功率因数等参数，对电表进行实时通断电操作，并且可在设定的时段内电表自动断电，实现定时开关电功能。当剩余金额低于设定的预警值时，进行低余额报警，通过电表声光、短信、大屏显示、自助查询机等方式提醒用户及时购电。

第六节　社区公共设施场景

一、共享能源计划

在国外，许多社区楼宇的结构特征适用于太阳能板安装，这使得屋顶太阳能电池板成为社区太阳能发电的一种可行方式，但设计者也发现，不是所有住宅屋顶都能够安装太阳能板。社区太阳能公园（CSG）计划是一个企业居民共享能源计划，该计划让那些想要使用室外太阳能设施，却无法或无力获得太阳能的居民，如一些公寓住户、屋顶被遮挡不易采光的或无能力负担太阳能电池板安装费的住户可以以租赁和贷款的形式购买太阳能电池板。美国纽约市经济发展公司（EDC）在布碌仑日落公园的陆军码头（BAT）的屋顶上建造了一个"社区太阳能花园"，当地的企业和居民均可参与这个共享能源计划，以节省自己的电费开支。

二、风光储互补

风力发电与光伏发电是目前最主要的两种可再生能源发电方式，但由于其间歇性与出力的不稳定性，并网时将会对电网产生冲击，难以被完全消纳。在风光储互补系统（Wind Energy Storage Complementary System）中，采用风光互补控制器对蓄电池进行监测，在蓄电池满足正常供电要求的情况下，充分利用可再生能源；也可在有光无风、有风无光的情况下，持续稳定地提供电能输出。临港社区建立了风光储一体化智能微电网系统，包含分布于 23 个建筑屋面的 2 兆瓦光伏发电机及一台 300 千瓦风力发电机等新能源分布式发电系统。为了确保在外部供电系统失电情况下的微电网能够继续保证负荷供电需求，系统还配置有容量为 100 千瓦 ×2 小时的磷酸铁锂电池、150 千瓦 ×2 小时的铅炭电池和 100 千瓦 ×10 秒的超级电容储能设备。3 种储能设备与不间断电源相连，一并接入微电网系统，保证电力稳定输出。

三、空气源热泵 + 太阳能

空气源热泵（ASHP）+ 太阳能光热多能互补系统结合槽式太阳能和低温空气源热泵的优点，可以有效降低空气源热泵的运行成本，解决夜间供热效率低下、因低温结霜导致的空气源热泵工作不稳定等问题。在屋顶设置太阳能集热器和空气源热泵，可以集中供应生活热水。智能热网系统实现了热水系统水温、水压、水位等数据的实时监测，可自动控制加热时间、加热温度，根据天气情况优先利用太阳能加热，最大限度地实现节能减排。

四、社区微电网

社区微电网的两项优势在于，一是紧急情况下的弹性电力服务，即在电网电力出现意外状况而不可用时（如发生灾难等）的电力补充；二是非紧急情况下促进城市、城镇或社区的清洁能源的整合。通过社区能源网络管理平台，利用虚拟电厂聚合社区内各类型分散资源，并实时跟踪电网调峰需求及调度指令，将社区居民变成可以参与削峰填谷的虚拟电厂，使用户也可以维持电网的动态平衡。当大电网出现故障时，微电网可以选择与大电网断开，保障区域内用户的供能安全；当选择联网运行时，社区居民也可以通过手机 App 等实现需求响应，销售多余电量，从而参与电力削峰填谷过程。美国纽约联合公寓城（Co-Op City）的并网型微电网可以在极端天气情况下保障系统的供能安全。飓风"桑迪"席卷美国东海岸并造成大面积断电期间，联合公寓城的微电网持续供能，6 万户居民未受影响。除公寓城外，处于飓风登陆区域的纽约大学和普林斯顿大学也配备了以天然气分布式能源站为主的微电网，两所大学与大电网断开并切换形成"孤岛模式"，保证了市政电网断电期间校园的能源供应。

五、基于储能的能量管理

微电网分布式发电的间歇性和不可控性，以及负荷波动的随机性给微电网功率平衡带来了许多困难，而社区微电网能量管理的电池储能系统（Battery Energy Storage System，BESS）响应快、可操控性强，是弥补分布式发电间歇性功率的有效手段。通过优化调度的技术手段，根据预测数据将负荷数据分成与电池储能系统运行模式相对应的区间，再根据实时数据对储能系统进行相应调度。目前常用的优化调度目标包括综合考虑电池寿命和功率波动约束的目标函数最大等，通过确定目标函数，生成相应的控制策略，实现微电网经济效益最优、分布式电源发电利用率最大等目标。LG 化学与乔治亚电力（GeorgiaPower）和普尔特集团（PulteGroup）合作，为美国佐治亚州亚特兰大的首个智能社区提供了可持续的储能电池系统，并通过能量管理技术帮助社区有效地管理能源需求。

参考文献

[1] MA L, LIU N, WANG L, et al. Multi-party energy management for smart building cluster with PV systems using automatic demand response[J]. Energy & buildings, 2016, 121: 11-21.

[2] STIMONIARIS D, TSIAMITROS D, DIALYNAS E. Improved energy storage management and PV-active power control infrastructure and strategies for microgrids[J]. IEEE transactions on power systems, 2015, 5 (3): 1-8.

[3] 付凯朋. 基于微电网运行控制模式的智能社区能源管理研究[J]. 中国战略新兴产业, 2018 (8): 12-13.

[4] 马丽, 刘念, 张建华, 等. 基于主从博弈策略的社区能源互联网分布式能量管理[J]. 电网技术, 2016 (12): 41-48.

[5] 杨宇峰, 朱婧, 曹敬, 等. 智能社区低碳能源管理系统设计[C]// 2017 智能电网新技术发展与应用研讨会论文集. 北京, 2017.

第八章

家庭智慧能源

在整个能源网络上，智慧家庭是智慧社区子网络的最终节点，也是实现智慧能源的用户基础节点，因此，它所创造的居家用能模式对整个能源网络将起到至关重要的作用。本章从用能终端智能化、能耗数据处理智能化、用能控制最优化及用能行为交互化四部分展示了居家用能新模式。用能终端智能化是实现家庭智慧用能的基础支撑，实现了能源终端设备智能管控。能耗数据处理智能化为实现家庭智慧用能提供了数据分析工具，实现了家庭各类能耗数据在客户端、终端的可视化展示与智能处理。用能控制最优化是实现家庭智慧用能的节能优化手段，主要通过能量管理、场景设定及用能检测实现各种家电设备的节能与智慧管理。用能行为交互化针对家庭用户的用能行为进行监控、分析，提出个性化能源使用建议，满足用户个性化用能需求。

第一节　居家用能模式

家庭智慧能源场景主要由能源管控系统、智能家居设备及用户行为与硬件系统的交互过程等构成，是一个典型的"人机交互"系统（图8-1）。家庭能源管控系统是采用物联网技术、嵌入式技术，将发电设备、储能设备、家用设备通过网络连接起来，组成一个整体，建立一个由家庭安全防护、网络服务和自动化组成的家庭综合服务与管理集成系统。通过利用传感器采集室内环境、人的活动和设备运行状态信息，借用大数据及智能技术对再生能源发电系统、储能系统及各种家用电器进行管理和控制，在优化家电负荷调配、减少家庭能源开销、提高生活质量的同时降低家庭能耗。在感知层，通过智能家居设备如智能冰箱等，实时准确地采集用能设备的能耗数据，结合物联网云服务器，实现智能家居设备用能数据监测与实时采集，并进行能耗数据分析与可视化。在网络层，借助于通信网络获得各类能源消耗信息，掌握家庭能源消耗情况；通过智能手持终端与智能显示终端和智能电表组成的交互门户，建立家庭用电设备与智能手持终端的联系，对家庭用电设备远程控制，实现家庭能源的便捷管控。在终端层，通过智能终端采集用户的用能行为数据，分析用户用能行为，利用大数据及各种智能分析技术，刻画用户用能画像，为家居用能提供定制化、个性化的解决方案，从而实现能源系统与用户之间的智能交互。

图 8-1　家庭智慧能源场景：居家用能新模式
(图片来源：http://www.ccdol.com/sheji/chahua/24710.html)

第二节 用能终端智能化

家庭用能主要涵盖电能、燃气、水耗、热耗、冷耗及其他能源应用等6个方面。电能能耗主要包括空调用电、动力用电（如电梯、水泵等）、特殊用电（如电脑、洗衣机、厨房电器等）、照明插座用电四大类；燃气能耗设备主要包括燃气灶和燃气热水器；水耗主要由饮用、盥洗两方面组成；热耗主要来自地暖及暖气片供热；冷耗主要来自空调制冷；其他能源应用主要包括煤、油及太阳能光伏等可再生能源（图8-2）。

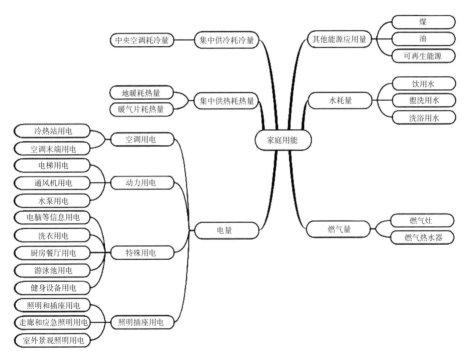

图8-2 家庭用能的分类及分项结构

一、智能冰箱

智能冰箱采用了智能化技术，具备感知、执行、学习和应用能力，综合体现在智慧节能和智能应用上。在智慧节能方面，智能冰箱的动态温度调节模式能够根据环境温度和需求自动调节冰箱设定温度，以降低能耗。在智能应用方面，智能冰箱采用物联网技术构建集成控制系统，能够从膳食安排、食材配送的各个细分环节为用户提供服务，并与智能手机 App 远程控制相结合，满足用户多元化需求，给用户带来新的使用体验。例如，某品牌 800 L 对开门冰箱，采用霍尼韦尔新一代具有低全球变暖潜值的 Solstice® 液体发泡剂，24 小时耗电量仅为 0.95 度，能耗标准达到 A+++，采用包括了 FD-PLUS 全时感应变频技术、四温多循环技术、离心风机技术等一系列创新技术，已成为智能冰箱的范式。

二、智能插座

内置 Wi-Fi 模块、可以通过手机远程操控的插座被称为智能插座（Intelligent Socket，IS）。用户通过手机客户端可以遥控插座通断电流，设定插座定时开关。除此之外，智能插座可以对设备状态（开 / 关）和能源消耗进行监控，对中央控制器、用户要求的设备启用、停用等状态进行自动控制。在实现用户对家电的远程控制之外，具备计量功能的智能插座还可以通过能耗数据的采集将设备所用的电量，按照当地的电价换算成电费，在手机客户端显示用户用电量、设备运行时间及电费开支等数据。智能插座与路由器联动，通过传感器与空调等其他家电互动，为中央控制器和冰箱、洗衣机、电视等家电提供通信服务，为电器增加智能连接服务，实现家庭环境的自动化调节。使用插座控制热水器是一个典型实例，智能插座通电后其内置的 Wi-Fi 模块就会接入家庭 Wi-Fi 网络，用户通过插座厂家提供的 App，在手机上即可对其进行控制。

三、智能开关

智能开关利用控制板和电子元器件的组合及编程，实现电路智能化通断，可以远程查看灯具当前的开关状态，设置灯具的定时开关，实现灯具开关的语音控制，可管控任何区域的灯光，尤其适应于大型场所、多区域场所的管控。根据场景光线实现智能灯控是智能开关的关键功能，当室外光线充足时，开启节能场景；当现场无人时，开启全关场景；对公共场所，开启延时设定功能，避免离场后无人关闭灯具造成能源耗费。除此之外，智能开关可以智能联动照明系统、安防系统及家电系统下的诸多家居家电，使用 App 就可以自定义设置多场景模式。智能开关被广泛应用于家居智能化、楼宇智能化，甚至工业智能化等新建和改造工程中。

四、智能热水器

在管道中安装的温度传感器，可以检测水温并反馈给智能温控开关（Intelligent Temperature Control Switch，ITCS），智能温控开关将传来温度值与设定的温度值进行比较。如果传来的温度值小于设定的温度值，智能温控开关控制的电磁阀就会打开，凉水在通过电磁阀后，流到准备好的集水池。利用水泵可将集水池中回收的水送回热水器的水箱，加热之后再次使用。智能热水器的使用可减少导水管中残存的凉水浪费和等待时间，达到了节水的目的。

五、智能水龙头

采用触摸出水并通过电子控温精确设定水流速度和温度，即可以做到按需选择出水量。自动感应式智能水龙头（Automatic Induction Faucet，AIF）就是根据该原理进行设计的，既按需出水，还可以自动感知和记忆容器容量，实现精准的水量控制。Jaré Emile Dippenaar 设计的智能水龙头在 3 个功能上进行了尝试：一是集成感应加热系统提供瞬间热水及不同程度的冷却水，减少等待中的浪费；二是内置与水流温度相匹配的 RGB LED 照明灯，使用时可直接通过灯光分辨水流的温度；三是顶部液晶屏创建动图，自动展示流量情况以提示使用者。

六、智能空调

空调机组通过网络连接，实现设置管理、用电管理及运行状态调整等智能化控制，形成空调运行的最佳状态，并在网络管控下自动运行，达到节能高效的目的。其中，专用能效系统将对家居冷暖系统的运行状态、运行参数及屋内外环境温湿度实行全天候的自动监测，同时根据室外温湿度变化自动改变温度设定值；智能节能管控系统通过对空调的用电管理及运行状态控制对能源消耗进行优化。如美的智能空调利用传感器、红外线、语音手势等实现定制场景识别、归纳推理，以及具有自适应环境的应激性，包括智能识别、自我学习和智能调节等。

七、智能移动空气净化机器人

智能移动空气净化机器人（Mobile Air Purification Robot，MAPR）能够自主移动寻找空气污染源，净化空气，突破了传统空气净化器只能定点净化的局限性，实现全屋无梯度净化。其内置 LDS 激光扫描系统、行走识别系统、环境识别系统及 3M 专业净化滤材，能够 360 度平行扫描家居环境，实时更新环境电子地图，实时监测空气变化，匹配进风面，层层净化空气。此外，它还能够与移动设备实时互联，通过移动设备可随时监控室内空气质量及净化效果，同步记录数据。智能移动空气净化机器人支持定时预约模式，用户可自定义每个房间或区域的净化点，它会自主移动到不同的净化点，自动感应周围环境的空气质量情况。当一个净化点的空气质量达到优质时，它会依据设定的顺序进入另一个净化点进行优化，快速实现全屋无梯度净化。

第三节　能耗数据处理智能化

一、分类分项能耗分析

家用电器按照空调、照明、冰箱、洗衣机等用电负荷性质进行分项计量与统计，各种监测能耗设备按年、月、周、天进行能耗配置优化，实现家庭能源的分类分项能耗分析（Analysis of Energy Consumption Classification，AECC），并可以实现能耗设备的节能潜力挖掘。家庭智慧能源管理平台通过智能化电器网络接入家庭智慧能源系统控制器，对其运行状态、运行时间和能耗进行实时监测，实时采集数据并进行分析，动态显示能源变化，方便使用者实时查看各种电器使用情况，实行自主式管理。

二、能耗趋势分析

能耗趋势数据分析（Trend Analysis of Energy Consumption，TAEC）通过对网关传进来的能耗信息进行归纳和总结，将日积月累的家庭能源消耗数据进行严密的分析，并以统计图形或报表的形式展示给用户。通过对用户使用的电、水等能源消耗进行监测及分析评估，并向用户发送评估结果，促进用户调节能源使用方式，从而提升电能使用效率，实现节能减排。欧宝（OPower）与供电公司合作，通过获取家庭消费者的能源使用数据，整合家庭用能行为、房龄信息、周边天气等，运用能耗模型进行用能分析，建立家庭耗能档案进行综合分析，并与家庭历史能源数据进行比较，提供家庭能耗趋势分析，从而提供面向消费群体的节能方案，通过群发节能贴士类邮件、移动端推送能源账单、提供管控家用恒温器的软件服务来提高用户的节能减排意识。图 8-3 展示了家庭用电、用水监测统计分析情况。

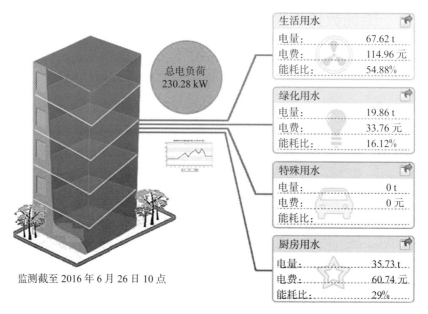

监测截至 2016 年 6 月 26 日 10 点

图 8-3 家庭用电、用水监测统计分析

（图片来源：http://c.gongkong.com/controlease/a70533.html）

三、移动终端分析

家庭智慧能源管理系统对家庭耗电量、可再生能源发电量、二氧化碳排放量进行实时可视化监控，通过移动终端在移动环境下管理与监控能源设备，为用户提供便利，很大程度地节省了时间和精力。移动终端可根据家庭能耗数据快速、准确地向用户推荐最舒适的电器使用方式，用户可实时查看电器节能控制状况，实现家用电器的自主调节。古瑞瓦特家庭智慧能源管理系统通过集成太阳能发电、储能和家庭能源管理系统，对发电、储电和用电设备实时进行能耗及发电量集中控制，并通过其 App 为用户提供设备运行信息及用能分析，用户也可通过 App 控制家中智能设备，形成完整的绿色智能家居生态系统。

第四节　用能控制最优化

一、场景设定

1. 集中多点控制

集中控制和多点操作功能可实现在任何地方控制不同地方的用能设备，或者在不同地方控制同一设备。通过智能灯光控制系统可以实现家庭生活中不同灯具的自由切换，在减少能源浪费的同时提升生活体验；同时可以将各个回路的灯具都直接连接到输出设备上，用户通过输入设备，如触摸屏、面板等控制灯光场景，开关、调光、区域控制等所有操作都可以通过软件完成，实现异地控制房间中的灯光设备。集中控制器可以实现灯光的亮度调节，实现在不同场景调节不同灯光的亮度，创造不同的家居氛围。开灯时灯光由暗逐渐变亮，关灯时灯光由亮逐渐变暗，避免了亮度的突然变化对人眼的刺激，同时也避免了大电流和高温的突变对灯丝的冲击，延长了灯丝的使用寿命。

2. 场景智能设定

在家庭智慧能源管理系统中，通过智能家居场景控制可以实现近距离操控智能面板或语音设定家中的空气温湿度、照明亮度、色温等各项系数，还能一键实现多种场景模式的自由切换（图8-4）。例如，在智能灯光控制系统中，所有操作包括开关、调光、区域控制等都可以通过移动端 App 远程操作及语音指令完成。对于固定模式的场景，一次编程就可以实现一键控制的场景设置。只需通过对智能面板的轻触操作即可实现多路灯光场景的转换，进行多种场景自由切换，如回家模式、离家模式、会客模式、就餐模式、影院模式、夜起模式等。场景智能设定具有全开关和记忆功能，整个照明系统可以实现一键切换场景的功能，通过定时控制功能对灯光的定时开关时间进行定义并切换场景。

图 8-4 使用 App 语音实现全屋多场景模式控制

(图片来源：https://mp.weixin.qq.com/s/2lz7PQWx8xvjlqAwnSFz8w)

3. 安全联动系统

安全联动系统可在紧急情况下自主断电、断气。例如，当燃气报警器第一时间检测到燃气泄漏时，系统会进行自动断气，避免二次伤害，并将窗帘打开通风，发送报警信息至主人手机上。如果有小孩独自在家，还可在系统上设定儿童模式，以防止小孩与较危险的电器发生接触，家长回家后可解除该模式，最大限度地避免因孩童好奇心引起的意外。在此基础上，日本开发了一种带芯片的保安型燃气表（Security Gas Meter），该燃气表可设定"在长时间持续微小流量、突然大流量等异常情况下和安全系统联动，自动切断家中燃气"的应用场景，当传感器感知到震动时会引发系统联动自动切断燃气。由于保安型燃气表的普及，燃气事故的发生数量急剧下降，为减少家庭用能事故做出了贡献。

二、用能控制

1. 用能监测控制系统

家用电器可分为时段敏感型、待机敏感型、室温敏感型 3 种类型。时段敏感型家用电器为一天之内只在某段时间内应用，通常是容易忘记关闭的电器，如电脑和电灯等；待机敏感型家用电器为不切断电源只调节至待机状态的电器，如电视等；室温敏感型家用电器为在一定温度下才开启的电器，如电扇、空调等。家庭用能监测控制系统通过安装采集器及计量装置对各类家用电器进行数据采集与传输，并在服务器端进行存储与分析，实现针对不同类型的家用电器采取不同的节能措施。对于时段敏感型家用电器，当系统检测出房屋内没人，则会发送是否关闭电器的询问至用户终端，如果用户超时未回应，则发出浪费的警告，进行自动控制，直接关闭电器。对于待机敏感型家用电器，如果系统监测到其处于待机状态，会直接发出警告并进行自动控制。对于室温敏感型家用电器，如果系统监测到电器在设定的温度范围内持续运行，并且超出节能预算，则会通过移动端为用户推送节能建议，如通过调低档位以节省电能等。

2. 家庭能源控制器

电能计量单元与配电盘连接可获取配电盘上每条线路的耗电量和发电信息，如电视和空调等电器的耗电量及太阳能发电系统的发电量，并把信息传输给家庭能源控制器（Home Energy Controller，HEC）。家庭能源控制器经路由器向互联网发送信息，储存在远程的服务器中。用户可以通过电视、个人电脑、专用监视器，确认耗电量和发电量等信息，并且家庭能源系统能够按照家庭所在地区、家庭结构及家庭生活方式提供建议，根据消费者的需求，控制家电使其自动实现节能运转。日本积水化学工业公司推出的环保住宅 SMART HEIM 家庭能源管理系统的控制器能够向外部服务器发送信息，使用者可以使用接入互联网的个人电脑和智能移动设备浏览用电情况。

3. 电器节能控制系统

家用电器节能控制系统的整体框架包括客户端如电脑、智能手机、控制中心、无线网络和采集节点、网关等。系统利用采集节点的传感器采集家用电器如照明灯、空调、电视等的能耗、功率、电流、电压数据，自动感知住宅空间状态和家电自身状态，并通过无线网络将家用电器的运行数据传输到控制中心并存储至系统数据库。控制中心则通过家中的电视、空调、洗衣机、冰箱、电力系统、照明等设施相互连接进行自动控制，从而实现自动节能的目标。同时，节能控制系统可将家电运行的相关数据输送至客户端，帮助居民进行节能决策。除此之外，居民可以利用客户端发送控制命令，通过网关实现触摸屏控制器与无线网络之间的信息传递，接收住宅用户在住宅内或远程的控制指令。

三、能源管理

1. 能量管控

家庭智慧能源管理系统使用户在享受智能、舒适、合理的家居环境的同时，还能对家中的电器进行能量管控（Energy Management and Control, EMC），使家居环境达到最舒适、最节能的状态。家庭智慧能源管理系统采用物联网技术、嵌入式技术，将发电设备、储能设备、家用设备通过网络连接起来组成一个整体，建立由家庭设施自动化、网络化和安全性的家庭能源服务与管理集成系统（图8-5）。其实时采集用户家庭中每个电器的用电信息，并通过无线通信模块将用电数据信息上传并存储到物联网云服务器中，形成家庭用电信息数据库。家庭智慧能源利用云服务器强大的分析、处理能力，对家电历史耗能信息进行统计分析，归纳出用户使用电器的特点，并根据家电调度策略算法模型，在实时电价下，兼顾用户用电满意度与用电费支出最少原则，指引用户选择家用电器最优用电方案，向用户推荐适宜的用电建议，实现电能的优化管理。

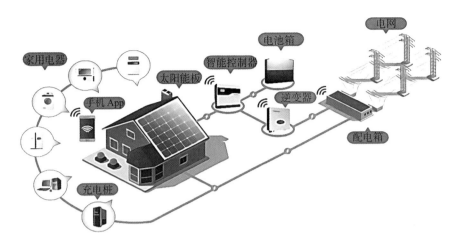

图 8-5　家庭智慧能源管理系统

(图片来源：https://mp.weixin.qq.com/s/rJZgT7uY8v2UIiIWeQ4-Fg)

2. 能量调度

　　家庭能源系统由可再生能源发电设备、储能系统、智能负荷等组成。最优能量调度（Optimal Energy Dispatch，OED）指对家庭中的可再生能源发电设备发电量、储能设备储电量及电网电量进行合理配置，达到能源的最优利用，这样不仅可以实现家庭用能系统的经济、安全运行，还可以借助于信息物理融合系统提高全球能源互联网的整体性能。具体实现手段是通过参照天气预报和电力公司的供电数据，将家庭可再生能源发电系统在空闲时间产生的多余电能存储在蓄电池中，在电力需求高峰时利用蓄电池供电，多余的电量可接入电网进行交易，提供发电和蓄电联动功能，达到削峰填谷的作用。Renesas 公司提出的家庭能量系统解决方案通过可触摸的 LED 人机交互界面可以对太阳能系统、储能设备、家电及热水存储量情况进行实时监测和可视化展示，帮助用户进行能量的优化与调度。

3. 可再生能源利用

　　常用的家庭可再生能源包括太阳能、地热能、风能。太阳能资源不受地域的限制，获取能源花费时间短。太阳能发电系统将满足用电需求之外多余的发电量进行存储，在晚间或因天气情况不佳达不到发电条件时释放电能，以满足用户的用电需求。地源热泵是将内部地热作为加热和冷却的设备，它以循环的方式通过地下管道系统将流体送达房屋的热交换器，在热交换器中，热量从流体中除去，并用于加热或冷却内部。家用风力发电机主要是指风力涡轮机，叶片在风中转动时会产生动力，旋转叶片将力传递给发电机为家庭发电。由于可再生能源发电具有间歇性，其能源输出与用户能源需求在时间上并不完全匹配，因此，需将可再生能源与蓄电池储能系统完美结合，实现可再生能源的有效储存，突破时间和气候限制，为家庭稳定供能。

第五节　用能行为交互化

用户侧曾被认为是单纯的电能消耗单元，人们只看到了能源管理的需求，却未能重视用户侧对用能舒适度及便捷性的需求。直到 20 世纪 70 年代，由于能源危机的出现，西方国家才开始改变一味追求以装机容量来满足负荷需求的做法，尝试通过提高机组的利用率、削减需求侧负荷来解决供需矛盾问题。美国于 1978 年颁布了《国家节能政策法》，拉开了全球对需求侧管理研究和实践的序幕，由于用户侧在节能减排及安全方面存在巨大潜力，且其技术门槛相对较低，因此越来越受各国学者关注。

一、采暖行为

在不同的行为方式下，住宅需要不同的节能技术。例如，适合寒冷甚至极寒地区的节能技术可能并不适合夏热冬冷地区，因此，针对不同地区居住行为状况及用户行为对节能降耗影响进行区别分析具有独特的价值。长谷川兼一等分析了日本东北地区从 1982 年到 2002 年采暖情况的变化，结果表明，在这 20 年间，由于住户采暖时间延长，客厅白天温度从 10 ℃提高到了 16.2 ℃，卧室夜间温度从 1992 年的 12.4 ℃ 提高到 2002 年的 15.2 ℃，住宅采暖的服务水平得到了提高。朱光俊等采用 DeST 模拟软件分析了冬季使用空调采暖的控制温度、采暖容忍温度和室内人员作息对住宅采暖能耗的影响。结果发现，冬季采暖容忍温度降低 1 ℃ 可降低采暖能耗 30%，且在对能耗影响的敏感性上，容忍温度强于空调控制温度。针对夏热冬冷地区的连续采暖和间歇采暖的差别，清华大学建筑节能研究中心分别对位于上海和武汉的住宅进行了模拟，控制的室内温度从 14 ℃ 到 22 ℃ 不等。模拟结果证实了不同的使用模式对采暖能耗会产生相当大的影响。以上海为例，采暖设定温度从 14 ℃ 上升到 22 ℃ 后，采暖耗电量从每年 4 kW·h/m² 上升到 28 kW·h/m²（kW·h/m² 是单位面积的能耗量）。

二、照明使用行为

瑞士一位学者于 2005—2006 年调查了瑞士 69 家住户的照明能耗情况，发现 65 岁以上的老人照明能耗少。此外还发现与其他国家相比，瑞士人的住宅照明更倾向于营造"惬意"的氛围，而这种照明需求行为可能更不利于降低能耗。美国研究人员在调查美国办公照明用电时发现，不同状况房间的工作者对灯具的使用存在极大差别，当进一步对办公室朝向、内外分区和办公事务类型等进行细分后得出结论，办公室使用者对照明与遮阳设施的调节行为及偏好习惯是导致照明设施使用行为差别的一个重要因素。为此，可构建一种基于人体行为识别的灯光调控系统，根据人体行为来调节灯光明暗，以此满足人体对于舒适度的需求。例如，当系统识别出人在工作状态时，就增大光照强度，提供明亮的工作环境；当系统识别出人在休息状态时，就降低光照强度，提供柔和的灯光。这样不仅提高了用户的舒适度，同时也节约了能源消耗。

三、空调使用行为

为了降温除湿对家用空调所采取的开关行为称为空调使用行为，具体包括空调开启时刻的室内环境状态、空调设定温度、空调运行时间、空调送风方式（如送风量、送风角度等）、空调运行台数、空调运行时门窗开关状况等。国外研究人员对其进行一系列研究，指出住宅建筑中居住者对空调的使用和控制行为是影响住宅空调能耗的最主要因素。一项研究调查了香港地区居民晚上睡眠时的空调使用状况，发现其中有 36% 的居民将室内温度设定在 20 ～ 22 ℃，过低的温度设定对能耗影响很大。

四、用能行为画像

根据用户的基本属性、用电行为、缴费行为和诉求行为的差异进行特征分类、分级，从每种类型中抽取出典型特征，赋予标签阈值，形成用户个体画像。还可以通过已知的个体画像标签，筛选出具有同类特征的集合组成群体画像。用能行为画像源于对关联用户的特征挖掘，并适用相关场景，方便一线从事能源交易和服务的人员快速了解用户需求特点，规避潜在的风险，节约交易服务成本，提高用户满意度；群体画像可分析相同用户群在不同区域、不同时间的成分差异，便于对其采取针对性的服务策略。

五、人体传感器联动

采用各种类型的传感器进行人与家居环境数据的感知，多传感器部署就成为家居控制系统的"脉络"（图 8-6）。通过智能感知居家环境、设备状态及用户行为，分析用户需求进行阈值比对，可完成状况自动预判，执行相应的场景动作。人体传感器采用的是热释电效应的红外传感器，人体身上会向外辐射与本身温度相关的红外线，当辐射出来的红外线照射到热释电材料上以后，热释电材料会产生相关电位变化的信号，根据此信号就能判断是否有人体移动。因此，通过人体传感器智能家居系统可以感知用户是否在空间内活动，并由此联动相应的场景。人体传感器可以联动基于 Batell 协议通信的智能家居产品，实现各种Wi-Fi智能家电的智能联动，实现家中各种智能家电的感应开启。例如，人体传感器可以实时检测是否有人进入室内，通过将其与室内灯光联动，可以实现"人来灯亮、人走灯灭"的智能功能。

图8-6　智能联动

（图片来源：http：//www.hengshinkisensor.com/news_view.aspx？
typeid=4&id=425&fid=t2：4：2）

六、行为驱动能源消费方案

家庭智慧能源消费系统可实时采集家用电器使用情况，包括家用电器总耗能、峰谷值情况，并将数据传送到后台。该系统可通过网络获取电网信息，如峰谷值信息、限电信息、线路维修信息、电价信息、电网服务信息等，并基于大数据进行分析，洞察并发现一些隐藏在电力大数据中的分布、关系、趋势、模式，从中获悉不同家庭的用电需求、用电特征，以及家庭用电与电网之间的关系，从而对家庭的用电行为进行分析预测，实现家庭用能信息的有效挖掘与利用，更加准确地为家庭住户进行能源消费方案推荐、用能结构优化，在满足用户个性化需求的同时，实现自身利益最大化。如智能电网中的配变电采集箱自带Wi-Fi和网络功能，可以将家庭用电设备的用电信息等数据，通过网络发送到供电公司的数据终端。供电公司将对这些数据进行归类、对比分析，再根据家庭住户用电的实际情况，为其量身定制能源消费方案，并通过手机短信等形式告知用户。

参考文献

[1] LI Z, BAHRAMIRAD S, PAASO A, et al. Blockchain for decentralized transactive energy management system in networked microgrids[J]. The electricity journal, 2019 (32)：58-72.

[2] PODGORNIK A, SUCIC B, BLAZIC B. Effects of customized consumption feedback on energy efficient behaviour in low-income households[J]. Journal of cleaner production, 2016, 130：25-34.

[3] REILLY J T. From microgrids to aggregators of distributed energy resources. The microgrid controller and distributed energy management systems[J]. The electricity journal, 2019, 32 (5)：30-34.

[4] SAMADI A, SAIDI H, LATIFY M A, et al. Home energy management system based on task classification and the resident's requirements[J]. International journal of electrical power & energy systems, 2020, 118：105815.

[5] WANG X B, CHANG J X, MENG X J, et al. Short-term hydro-thermal-wind-photovoltaic complementary operation of interconnected power systems[J]. Applied energy, 2018, 229：945-962.

[6] 徐同德, 姚定坤, 郑凤柱, 等. 基于物联网技术的智慧家庭能源中心研究与应用[J]. 电子设计工程, 2019, 27 (11)：38-42.

第九章

未来智慧能源

5G 技术、人工智能、大数据、区块链、边缘计算等新一代高科技的融入，进一步推动了能源的智慧化升级，智慧能源产业将打通能源的数字化之路。未来的能源革命将是以新能源和高科技的深度融合为特征，高度提升网络整体能效，实现全球能源互联、绿色低碳、高度共享的智慧能源共同体和全新的能源体系。从宏观层面看，"四分天下"的能源格局演进和"一带一路"的进一步实施，为智慧能源的未来发展提供了新机遇。从具体实施层面看，智慧城市发展需求、未来出行趋势、全球共享及以新一代电子商务为代表的交易模式变革更将进一步催生未来能源模式的创新。

第一节　技术发展

一、5G 技术

第五代移动通信技术(5G)实现全新的突破,具体表现在传输速率、覆盖能力、安全性、可靠性等特征上。5G 技术在能源领域的商用化将为智慧能源的数字传输提供更加坚实的网络基础，与之相配套的传输设施也为智慧能源产业铺设更快更宽的数字道路。在全自动化覆盖、快速负荷精准响应、安全隔离性应用等领域，有 5G 技术与能源的深度融合体现。通过各终端间对等通信，智能分布式配电自动化进行故障判断、故障定位、故障隔离及非故障区域供电恢复等智能操作，在此基础上，配网故障处理的时间将从秒级提高到毫秒级，真正实现全覆盖的不停电服务。在基于稳控技术的精准负荷控制系统的支撑下，可实现毫秒精准负荷预测（Millisecond Accurate Load Forecasting，MALF），解决传统配网电力事故难题，即一旦出现直流双极闭锁等严重故障就必须集中切除整条配电线路，在 5G 支持下，可以使控制对象精准到企业内部的可中断负荷，进行高密度、超低时延和高网络可靠性的应急处置。在安全隔离性应用领域，在端到端的电网高隔离性条件下，5G 网络切片（5G Network Slicing，5G NS）可以为采集、运行等不同业务提供隔离独享网络切片，从而保障多业务的差异化服务，提升云网传输速率与质量，将过去的不可能变为可能。

二、人工智能

根据互联网数据资讯网（CB Insights）的《人工智能在能源行业的应用》报告，能源行业每年将产生大量的数据，众多能源企业已将注意力投向人工智能，期望将这些数据转化为提高生产率和降低成本的驱动力。在人工智能技术的支持下，过去能源系统中的各层各类、纵向横向的基础设施节点相互关联，形成服务于全产业链的设施网络，应用于全网络状态环境下的态势感知与智能决策。未来人工智能技术将在能源储藏、智能电网、故障管理、能源勘探、能源消费与消耗等五大领域被广泛应用，具体体现在可视化绘制、个性化识别、实时化匹配、智慧化城市架构等方向。例如，在能源储藏领域，应用能源存储可视化（Visualization of Energy Storage，VES）将有助于进行可再生能源的储能管理优化，增加产品附加值，并显著降低电能损耗。利用人工智能绘制出能源使用情况，实现能源需求可视化，客户可跟踪能源价格波动，提高存储能源利用率。

在智能电网中，基于人工智能识别技术的电力指纹（Electric Fingerprint，EF），可对发电或用电设备的暂态及稳态特征快速识别，进行电力特征的生物识别描述和提炼，形成电力指纹库，实现设备精准监控和交互。在能源勘测领域，针对大规模的能源生产过程，结合自然环境数据与复杂算法，可实现动态时空能源需求变化追踪，同时对多源输出进行协同管理，以实现空间与时间维度的匹配需求。

三、大数据

能源大数据对能源系统智慧化升级的重要推动作用是显而易见的，在跨能源系统融合、能源产业创新支撑、社会公共资源管理、提升能源新兴业态与新经济增长点等方面的作用尤为明显。能源大数据有利于政府实现能源监管，建设数字型政府，推动社会实现能源信息资源共享，它是推进能源市场化改革的基本载体，也是推进能源系统智慧化升级的重要手段。未来大数据技术将在企业运营、用户画像、态势分析、新能源等方面促进能源行业新生态发展。构建能源企业图谱（Energy Enterprise Map，EEM），针对智能电网中的业务数据无法跨专业贯通、数据资源无法被智能分析与管理等问题，未来将基于大数据技术构建能源企业知识图谱，面向设备运维、客户服务、知识管理中心等方面，建立一个功能完善的知识信息共享平台，为企业内部知识的传播与应用提供便利条件，也将更加深入地掌握企业的全息画像；进行用户行为分析（User Behavior Analysis，UBA），结合能源消费、智能设备、客户信息等数据，绘制出用户数字画像（Digital Portrait，DP），为充分挖掘客户行为特征、发现用户消费规律提供参考，为采取个性化营销策略奠定数据基础，实现科学营销；进行能耗态势分析（Energy Consumption Situation Analysis，ECSA），了解能耗结构，发掘能耗运行规律，对隐性故障风险进行评估，为节约能源和优化能耗结构做准备。在新能源方面，大数据技术将成为未来能源汽车新引擎（New

Engine of Energy Vehicle，NEEV），新能源汽车大数据已经从单点数据迅速爆发阶段发展到跨界产业数字化融合阶段，大数据技术将推进能源汽车数据透明和共享，通过数据融合和分析，推进新能源汽车产业链上生产、销售、使用各环节协调高效运行，打造新能源汽车"制造＋通信＋信息"的产品新模式，构建新能源未来生态产业链。

四、区块链

以区块链为代表的数字技术与电力技术的加速融合，显示出强大的发展潜力，去中心化、透明化、系统自治性、可追溯性等是能源区块链的独有特性，借助于能源区块链技术，可以打造一个去中心化的能源电力市场新局面，推动综合能源系统快速发展。未来能源区块链的理论研究与项目实践，将重点围绕多能源自治协同、高并发能源交易、能源数字身份认证及减低资源消耗等方面开展。实现多源自治协同（Multi-energy Autonomy and Coordination，MeAC），通过开发多种能源去中心化自治协同的区块链网络架构、构建多种能源自治协同的区块链综合能源系统，促进系统多源梯级高效利用（Multi-energy Cascade Efficient Utilization，MeCEU），构建以联盟链为底层的能源架构，提高系统运行效率，实现综合能源系统的发、供、用瞬时平衡。打造高并发能源交易平台（High-concurrent Energy Trading Platform，HcETP），可以更好地为交易策略和定价决策提供信息，同时借助于"代码即合同、代码即法律"的智能合约（Smart Contract），有效地解决由于能源交易双方信息不对称导致的信任缺失问题，降低交易成本和风险。进行能源数字身份认证（Energy Digital Identity Authentication，EDIA），基于加密通信和电子签名等技术，将不同属性的能源供应、传输转换、使用节点进行数字化表征，给予能源供需主体相应的数字化身份，建立去中心环境下的信任机制，为数据安全流通提供技术保证。进行碳追踪与注册（Carbon Tracking and Registration），未来在区块链背景下，全球的碳库存和注册管理机构将更具有清晰度、可信度和互操作性，进行碳利用和储存等活动的碳排放追踪，有助于进行碳捕捉（Carbon Capture），从而降低资源消耗，助力碳达峰、碳中和目标的实现。

五、边缘计算

边缘计算是在靠近物或数据源头的网络边缘侧，基于融合网络、计算、存储、应用等核心功能的分布式开放平台，就近提供边缘智能服务，在敏捷连接、实时业务、数据优化、应用智能、安全与隐私保护等方面，满足行业数字化的关键需求。在能源互联网的未来建设中，边缘计算将作为感知层的核心技术，分担云端大数据的压力，实现算力边缘化和边缘智能化。算力边缘化（Calculation Force Marginalization，CFM）是未来能源物联网的发展趋势之一，利用边缘计算，许多控制可通过本地设备实现，而无须交由云端处理反馈，实现本地设备自主决策（Equipment Independent Decision，EID），这样不仅可以分担云端数据中心数据处理的压力，还可为用户提供更快速的响应，将用户需求解决在边缘；数据边缘智能化（Data Edge Intelligence，DEI）通过超大规模终端，实现统一物联管理，深化全业务统一数据中心建设，提升数据高效处理和云雾协同能力。华为、中国科学院沈阳自动化研究所、中国信息通信研究院、英特尔、ARM 和软通动力等联合成立了边缘计算产业联盟（ECC），将全面促进产业深度协同，加速边缘计算在能源行业的数字化创新和行业应用落地。作为传统产业数字化转型的抓手，边缘计算将在打造智慧能源的道路上绘制出动人的风景线。

第二节　系统演进

一、能源技术深度融合

能源技术的融合将促进能源系统的演进，以新能源和信息技术深度融合为特征的能源革命，推动人类社会进入全新能源体系，打造智慧能源新业态。在未来能源转型过程中，能源技术向融合集成发展，利用开放的能源生态系统倒逼电网不断向数字化转型。一方面，高效清洁发电、先进输变电（如特高压、柔性直流、超导输电等）、大电网运行控制、储能等电力技术将不断改进突破；能源信息支撑平台技术将推动互联网与能源系统融合，分布式能源网络技术将助力实现分布式能源系统的信息透明化，在能源生产智慧化技术支持下，将建立标准、集成、开放、共享的能源生产信息公共服务网络；另一方面，能源电力将与边缘计算、人工智能、大数据、区块链、物联网、5G等现代信息通信技术和控制技术深度融合，实现传统能源行业的智慧化升级，在供给侧实现能源生产的智慧化，有利于大规模消纳新能源，在需求侧支持智慧用能，提升能源利用效率，在能源网络侧实现多能融合与新能源即插即用。未来，在能源技术深度融合背景下，将打造具有高度可控性、灵活性的智慧能源系统，实现多能互补（Multi-energy Complementary，MeC）、智能互动，满足用户各种用能需求，通过智慧能源带动新模式、新技术、新业态发展，推动新一轮能源革命和世界经济转型。

二、全球能源互联

全球能源互联网的本质是"智能电网＋特高压电网＋清洁能源"的大规模开发、大范围配置、大场景应用的平台。由于涉及100多个国家，受体制机制和技术融通等诸多因素制约，未来要实现全球能源互联互通任重道远。在体制机制方面，推动全球能源治理的理念、原则与机制融合，建立融合机制（Integration Mechanism）。全球能源互联发展涉及世界政治、经济、能源和技术的方方面面，未来需要各国通力合作，打破政策壁垒，建立相互依存、互信互利的组织机制，为能源行业建立高效运转的运行机制和市场机制提供良好的政策环境，保障全球能源互联网的安全、经济运行。在能源空间分布方面，未来将利用大容量、远距离的特高压输电将全球的清洁能源基地连接起来，突破清洁能源空间限制，基于智能电网技术，将区域能源互联网（Regional Energy Internet，REI）融合进来，实现分布式电源即插即用及用电需求侧灵活互动。在逆向分布方面，由于清洁能源与能源消费都存在着逆向分布的特征，实现全球清洁能源的大规模开发利用，首先要解决清洁能源电力在全球范围内优化配置的难题，针对世界能源分布特点、用能情况及社会经济条件，结合智能数字技术与跨区域输电技术，建立全球能源互联网络体系（Global Energy Internet System，GEIS），解决逆向分布问题。通过实现能源机制融合，解决空间分布、逆向分布问题，打造新一代清洁、智能的全球能源配置平台，建立全球能源互联网体系，构建绿色低碳、互联互通、共建共享的能源共同体，真正实现全球清洁能源共享和人类可持续发展。

三、能源互联网生态圈

能源互联网将进一步强化设备智能、多能协同、信息对称、供需分散、系统扁平、交易开放等融合特征，构建能源系统与人工智能深度融合的生态体系。通过广泛连接能源系统内外部及上下游资源和需求，促进全环节产业转型与升级，创造未知的新市场，形成能源互联网生态圈（Energy Internet Ecosystem，EIE）。互联网与能源系统的分阶段融合形态分为智能化、透明化、智慧化3个阶段。2020年为智能化阶段，以大规模远距离交直流输电系统为载体，实现化石能源与可再生能源的跨区域规模化资源配置；通过大力发展分布式电网系统，集中配置与分布消纳并举，实现可再生能源的高比例消纳，从而减少弃风、弃光现象；伴随着高度自动化与智能辅助决策的实现，将充分提升电网输电能力、运行可靠性及安全稳定水平，避免大面积停电事故的发生。2020—2030年为透明化阶段，互联网与能源系统融合程度进一步加深，打造透明能源系统。利用先进的芯片传感等技术，对能源系统中能源生产、传输、转换与存储、使用等全环节各类设备的信息进行监控和实时感知，实现设备运转信息、能源系统运行信息和能源市场信息的透明共享、平等获取，该阶段是互联网与能源技术深度融合下能源系统的中级发展形态。2050 年为智慧化阶段，基于智能化的能源装备与控制技术，可优先实现高比例可再生能源的接入，此外，基于可再生能源的分布式广泛接入与用户侧的产销一体化，能源的生产、传输、转换、消费及交易趋向零边际成本，实现能源系统效率最优化及能源价值最大化利用，互联网与能源系统深度融合，构建智慧化、深优化、高可靠性、能源触手可及的泛在能源网。

四、网络整体能效

未来能源互联网的目标是提升网络整体能源效率（Overall Network Energy Rate，ONER），这也是当今能源革命的阶段性目标之一。未来能源系统将从聚焦部件能效，转变为聚焦整体能效、网络能效，打破传统方案各子系统独立设计的割裂局面，转变为面向整体系统的一体化设计，从实现整体覆盖、提高可持续能源效率、提高各方参与者效率等方面，运用更多的创新技术加速绿色能源的规模应用。在提高整体能源系统效率方面，能源互联网将从整体系统的角度综合考虑多种能源形式，综合考虑能源生产、输配、消费的全链条，综合考虑能源规划、设计、建设、运营的业务全流程，同时结合技术手段的优化提升，将显著降低整体能源系统的能源损耗，提升设备、资产的利用效率。此外，能源效率应该是可持续的，即环境效益是总体能源效率的重要组成部分，能源互联网具备柔性，并且可扩展能力较强，可以支持分布式能源即插即用（Distributed Energy Plug and Play，DEPP），打造多样化的商业模式，因此将能够支持鼓励更多的可再生能源及清洁能源的使用。最后，能源效率还包括参与到能源系统中的人的效率，未来能源系统的运行、管理、服务都要以人为本，不管是能源生产者、消费者、运营者还是监管者，都将通过能源互联网受益。

第三节　市场变革

一、未来格局

能源消费结构将趋向清洁化、低碳化和多元化，并且转型之快将超过预期，形成以清洁能源为主体的"四分天下"格局。在全球能源的十字路口，多个国家及其专业组织相继对全球能源趋势进行预测，据全球能源互联网发展合作组织（GEIDCO）预测，未来清洁能源占比将从 2016 年的 22.8% 增至 2050 年的 71.6%，清洁能源发电装机和发电量占全球总装机和总发电量的比重都将超过 80%。美国能源信息署（EIA）及国际能源署（IEA）、英国石油公司（BP）、中国石油经济技术研究院（ETRI）等也都在报告中指出，未来清洁能源将主导世界能源需求增长，天然气、非化石能源、石油和煤炭各占 1/4，"四分天下"的多元格局日渐明朗。在新的能源发展形势和需求特点下，能源利用将不再单一，多种能源形式实现深度耦合，这给电网系统的安全稳定和消纳能力提出挑战，也为智慧能源未来发展提供机遇。构建清洁低碳、安全高效的能源体系，需要有效地解决新能源的不确定性、多源融合、"源网荷储"的耦合利用、大规模输送与就地消纳的协同性等问题，而发展综合智慧能源是解决这些问题、推动能源转型升级、创新发展模式的重要方向之一，综合智慧能源的最大特点就是让不同形式的能源之间形成互联互通，融合能源供应和环境治理，实现多能互补、梯级利用、循环利用，建立"源网荷储"协同联动，提供能源一站式服务。在未来综合能源系统中，能源生产"终端"将变得更为多元、小型和智慧，而交易主体数量则更加庞大，交易市场更加扁平，竞争方法更为透明。能源生产和消费将达到高度定制化、自动化、智能化，形成一体化的全新能源产业形态，最终实现环境优先的可持续发展、安全可靠的能源供应、能源基础设施的分布式网格布局（Grid Layout，GL）、多种能源以纵向维度在"源网荷储"的紧密互动。

二、服务"一带一路"

发展改革委、外交部、商务部联合发布的《推动共建丝绸之路经济带和 21 世纪海上丝绸之路的愿景与行动》中反复强调"一带一路"沿线各国之间的能源合作问题，将沿线能源体系建设作为"一带一路"倡议的重要内容。能源产业合作正在从单边模式向多边模式和区域模式发展，"一带一路"作为沿线各国开放合作的经济愿景，更加有利于形成能源的多元稳定保障体系（Multiple Stability Guarantee System），促进沿线区域能源经济合作及各国经济繁荣，也有助于推动全球能源绿色转型，形成更加包容的全球能源治理体系（Global Energy Governance System）。"一带一路"沿线的能源建设过程将围绕政治问题、经济问题、技术问题等全面展开。在政治方面，实现政策沟通，"一带一路"建设将加强与"一带一路"重点合作国家的能源政策标准和机制的对接，加强国际合作，达成多层次、多来源、多通道的海外能源资源开发利用的战略协同。我国倡议构建"全球互联网＋智慧能源"，"一带一路"将从战略政策导向上为"全球互联网＋智慧能源"发展铺平道路，智慧能源发展将迎来新的政策机遇。在经济方面，"一带一路"能源经济建设将稳妥推进能源领域人民币国际化，逐步建立以人民币为主导的区域能源金融体系（Regional Energy Financial System，REFS），推动资金融通，加强货币流通，通过建立能源多元化融资模式，增强抵御金融风险的能力；"一带一路"将推进基于互联网的智慧用能交易平台建设，培育绿色能源灵活交易市场模式，通过构建可再生能源实时补贴机制，实现补贴的计量、认证和结算与可再生能源生产交易实时挂钩。在技术方面，智慧能源将推动可再生能源生产智能化，通过鼓励支持"一带一路"周边国家建设智能风电场、智能光伏电站等设施，以及基于互联网的智慧运行云平台，实现可再生能源的智慧生产，储能系统与新能源、电网的协调优化运行，最终构建以多能融合、开放共享、双向通信和智能调控为特征，各类用能终端灵活融入的微平衡系统。作为全球能源互联网的重要组成部分，"一带一路"

能源互联互通将加快构建"一带一路"沿线能源互联网，推进相关国家的能源转型，有效促进清洁能源的开发和利用，将资源优势转化为经济优势。基础设施的互联互通，既有利于促进区域电力跨境优化配置，也有助于提升可再生能源的消纳能力，未来能源供求将在"一带一路"经济带范围内实现平衡。

三、未来之城

能源系统与人工智能深度融合可随时在线获取能源大数据，并通过充分挖掘数据价值，构建能源发展与城市运行智能良性互动的运营模式，实现城市的可持续发展。一项利用人工智能开展的互联网城市云脑（City Cloud Brain，CCB）研究计划，提出了形成未来城市的两个与能源密切关联的核心功能，一是利用城市神经元网络系统，即城市大社交网络，实现未来城市中的人与人、人与物、物与物的能源信息交互；二是应用城市云脑的云反射弧，实现城市能源服务的敏捷反应，推进能源企业、行业与城市的相互支持和良性循环。在城市云脑的驱动下，未来之城将向更加绿色、智慧、宜居、便捷、高效发展。综合能源服务模式（Integrated Energy Service Model，IESM）将成为未来城市提供不间断能源服务的重要发展方向之一，光伏发电、储能、太阳能空调、太阳能热水、地源热泵、冰蓄冷空调、蓄热式电锅炉协同工作，提升了能源转化率、传输率、基础设施利用率及能源与经济社会融合率。未来之城将打造不断电智慧系统，在不停电作业技术的支撑下，全面部署智能开关与自动化监控设备，实现配网线路故障自动定位、非故障区自动恢复供电、故障自愈、电能质量实时监测等功能。未来之城将创建不耗能智慧新居，"冬暖夏凉"的净零能耗建筑（Net Zero Energy Building，NZEB），以屋顶光伏和薄膜光伏发电为能量来源，应用新型保温材料和高效新风技术，实现建筑所需能源100%自产。

四、未来出行

美国交通与发展政策研究所（ITDP）和加利福尼亚大学戴维斯分校合著的《城市交通的三大变革》指出，未来交通将朝着共享化、智能化和新能源化融合方向发展，智慧能源将进一步改变未来交通出行状况，打造智慧交通新模式。智慧能源在未来出行方面的应用将主要体现在四类协调、深度感知、去中心化、绿色出行等 4 个方面。在四类协调（Four Types of Coordination Problems）方面，未来智慧交通的构建将从交通智慧能源的运行模式出发，分析解决感知与能源交互、横向多源互补、纵向"源网荷储"和多级能源的四类协调问题。在深度感知（Depth Perception）方面，未来将推动大数据、物联网、人工智能、区块链、云计算等新技术与交通行业的深度融合，建设先进能源感知监测系统，构建下一代交通能源信息基础网络。在去中心化方面，能源供应的充电桩作为去中心化的新基建项目之一，将推动充电基础设施实现跨越式发展，通过智能充电合同（Smart Charging Contract）帮助用户查询最方便的停车／充电位置，并可以完全自主地选择服务，以此构建电动汽车服务生态圈。在绿色出行方面，智慧能源将车辆生命周期运营需要的资源平台进行整合，推行新能源汽车车桩一体化、智慧能源和汽车资产一体化、停车充电一体化，建设一个开放、共享的交通生态系统，推进未来绿色出行。在交通智慧能源的未来服务模式及以人为本的道路交通体系下，将为人类未来出行带来快捷节能的新体验。

第四节　模式创新

一、全球模式

在逆全球化"退潮"背景下，国际能源需求走势不断降低，能源结构向国内自给的能源来源转变。但从实际来看，全球化趋势并未被逆转，全球化发展在波浪式前进，逆全球化只是处于发展的低谷阶段，是在调整全球化过程中不符合规律的能源分布、发展和利益分配不平衡问题，但能源系统总体趋势仍向全球互联互通发展。针对能源分布不平衡问题，将面向终端用户电、热、冷、气等多种用能需求，因地制宜地统筹开发，实现传统能源和新能源的互补利用，通过天然气热电冷三联供、分布式可再生能源和能源智能微网等方式，建设一体化集成供能基础设施，优化能源布局，实现多能协同供应和能源综合梯级利用。针对能源发展不平衡问题，将基于能源互联微网（Micro Network of Energy Interconnection，MNEI），打造能源供应商实体商业模式，能源供应商通过统筹运营区域中的各类能源，在满足用户侧冷热电需求的同时实施分时电价，通过用户的用电行为分析及大数据计算，使用户在消费能源时可以享受较为低廉的价格，从而实现资源优化配置和能源高效利用，解决能源发展不平衡问题。针对能源利益分配不平衡问题，由于在全球化时代全球能源的生产与消费错配较为严重，与之相关的能源安全、价格竞争、负外部性等诸多问题不断涌现，加之能源涉及国家安全、主权、资源战略的核心领域，因而能源问题呈现出公共化和复杂化的特质，为此，各国政府及能源治理的其他参与主体将逐渐抛弃"零和博弈"的固有思维，尝试基于智慧能源，通过国际合作来解决各国能源利益分配不平衡问题。按照全球能源互联网发展合作组织的规划，能源全球化发展要坚持绿色低碳和可持续发展理念，构建全球能源互联互通体系。

二、共享模式

在全球未来模式下，能源系统也必将走向更加高度的共享，在横向多能源共享、纵向能源系统共享、多网多流共享中，打造未来智慧能源新经济。在横向多能源共享方面，传统能源与太阳能、风能、水力能、地热能、生物质能、波浪能和潮汐能等分布式可再生能源将在数以千万计的分散地点被收集，并通过智能电网实现融合共享，以保证能源供给与可持续经济发展。此外，横向多能源共享将改变传统的垂直控制机制，采取彼此平等协作的新形式，这种创新的扁平化能源体制将带来一场新的分布式和协作式的能源工业革命，并形成能源财富的分布式共享，促使能源生产与利用的公平民主化。与此同时，商业模式也会发生变化，买卖双方对立的关系将被打破，建立生产者和用户的平等协作关系，赋予用户多重角色，买方同时又是卖方，个体利益包含在共享利益中。在纵向能源系统共享方面，未来智慧能源系统将打破各级能源系统竖井，实现能源产业链系统中能源生产、输送、消费各个环节的互联和共享，通过系统性重构能源体系，实现可再生能源利用率、能源综合利用率、能源设施利用率等三大指标的显著提升，最终实现能源的高效配置和全价值链开发。在多网多流共享方面，世界电动车协会创始主席陈清泉院士表示，未来能源共享将向"四网四流融合"发展，即实现能源网、交通网、信息网、人文网的"四网融合"，以及能源流、信息流、物质流、价值流的"四流融合"，助力孵化更多融合技术和产业。智慧综合能源服务将是实现"四网四流融合"的全新载体，构建智能网是"四网四流融合"的基础设施建设，货币流通则对"四网四流融合"的实施起到润滑剂的作用，通过开发能源币（ENRG）系统，实现能源交易更加快捷、更加安全，以及更加有效。"四网四流融合"的发展将汽车革命、能源革命与信息革命联动，产生更广泛的社会效益与经济效益。

三、服务模式

未来能源服务将向售电市场模式（Electricity Sales Market Model，ESMM）转变，打造新一代电子商务服务模式，为用户提供多需求、扁平化、友好交互的售电服务。推动未来电力改革，放开发电和售电侧，逐步建立电力现货交易、市场，解放电力市场属性，开放用户选择权，使能源交易从单边交易向双边交易，再向多边商业关系演进，提高电力市场资源配置效率。在售电环节引入竞争是售电侧市场模式的关键，允许所有符合准入条件的企业逐步从事售电业务，同时赋予用户自主选择权，允许用户自由选择售电公司，未来将形成多家售电格局。此外，在未来服务模式中，售电主体的业务将分为核心业务与增值服务两类，核心业务即购售电业务，从批发市场或者发电企业和其他售电企业购电，向用户售电。增值服务则是在传统能源服务的基础上，增加向用户提供优化用电策略和合同能源管理等服务，以及将售电业务与供水、供热、供气等业务捆绑，向用户提供综合能源服务。未来，通过打造全新的服务模式，将无序的用户变为有序的用户，实现用户需求导向的产品创新和个性化定制服务。

参考文献

[1]　CEGLIA F，ESPOSITO P，MARRASSO E，et al. From smart energy community to smart energy municipalities：literature review，agendas and pathways[J]. Journal of cleaner production，2020，254（2）：120118.

[2]　EIA. International energy outlook 2019[EB/OL]. [2019-09-24]. https：//www. eia.gov/outlooks/ieo/pdf/ieo2019.pdf.

[3]　FENG C，LIAO X. An overview of "Energy + Internet" in China[J].Journal of cleaner production，2020，258（6）：120630.

[4]　HUANG Q L. Insights for global energy interconnection from China renewable energy development[J]. Global energy interconnection，2020，3：2-12.

[5]　IEA. World energy outlook 2019[EB/OL]. [2019-11-13]. https：//www.iea. org/weo2019/.

[6]　MOHAMED A，REFAAT S S，ABU-RUB H. A review on big data management and decision-making in smart grid[J]. Power electronics and drives，2019，4（1）：1-13.

[7]　中国石油经济技术研究院．2050 年世界与中国能源展望[R]．北京：中国石油经济技术研究院，2019.

[8]　时家林．以科技为支撑构建现代能源体系[J]．电力设备管理，2020（3）：21-22.

[9]　朱雄关．能源命运共同体：全球能源治理的中国方案[J]．思想战线，2020，46（1）：140-148.

专有名词

第一章

巴黎协定 (The Paris Agreement)

信息通信技术 (Information and Communications Technology，ICT)

能源互联网 (Energy Internet，EI)

智能电网 (Smart Grid，SG)

双向能源流通 (Bidirectional Energy Flow，BEF)

能源局势 (Energy Situation，ES)

能源数据关联 (Energy Data Association，EDA)

全景感知图谱 (Panoramic Perception Map，PPM)

多能源协同供电 (Multi-energy Coordinated Power Supply，MeCPS)

分布式能源时空互补 (Spatiotemporal Complementarity of Distributed Energy，SCDE)

广域协调控制 (Wide Area Coordinated Control，WACC)

第二章

多能源开放互联（Multi-energy Open Integration, MeOI）

能源数字孪生网络（Energy Digital Twin Network, EDTN）

能量自由传输（Energy Free Transmission, EFT）

能源路由器（Energy Router, ER）

能源设备开放对等接入（Energy Equipment Open Peer Access, EEOPA）

智能计量网络（Intelligent Metering Network, IMN）

能源供需预测（Energy Supply and Demand Forecast, ESDF）

负荷预测（Load Forecasting, LF）

用能行为分析（Energy Use Behavior Analysis, EUBA）

能源用户标签（Energy User Tags, EUT）

第三章

管道数字管理（Pipeline Digital Management, PDM）

分时分区（Time Division Temperature Zone ）

场群协调控制策略（Field Group Coordinated Control Strategy）

负荷曲线（Load Curve, LC）

能源出力互补（Complementary Energy Output, CEO）

机网协调优化（Machine Network Coordination Optimization, MNCO）

能源系统态势感知（Energy System Situation Awareness, ESSA）

主动配电网控制系统（Active Distribution Network Control System）

负荷空间分布（Load Spatial Distribution, LSD）

第四章

可控负荷（Controllable Loads, CL）

弹性电网（Flexible Grid, FG）

分布式能源网络（Distributed Energy Network, DEN）

智能能源服务提供商（Smart Energy Service Provider, SESP）

微电网（Microgrid）

永久负荷转移（Permanent Load Shifting, PLS）

负荷聚合器（Load Aggregators, LAs）

第五章

能耗地图（Energy Map, EM）

城市规模能耗模型（Energy Consumption Model of City Scale, ECMCS）

热力地图（Thermal Map, TM）

开源能源地图（Open Source Energy Map, OSEM）

太阳能源地图（Solar Energy Resource Map, SERM）

城市能源负荷（Urban Energy Load, UEL）

第六章

里程焦虑症（Mileage Anxiety, MA）

太阳能充电站（Solar Charging Stations）

电池交换站网络（Battery Swap Stations Network, BSSN）

多源聚合供应（Multi-energy Aggregate Supply, MeAS）

可再生能源渗透（Renewable Penetration, RP）

就近消纳（Near Consumption）

第七章

网络基因组（Network Genome, NG）

社区运营商（Community Manager, CM）

频谱功率（Spectrum Power, SP）

电力负荷分解（Power Load Decomposition, PLD）

能源负荷监测系统（Energy Load Monitoring System, ELMS）

需求侧响应（Demand Response, DR）

能量反馈系统（Energy Feedback System, EFS）

社区太阳能公园（Community Solar Gardens, CSG）

第八章

智能插座（Intelligent Socket, IS）

智能移动空气净化机器人（Mobile Air Purification Robot, MAPR）

分类分项能耗分析（Analysis of Energy Consumption Classification, AECC）

家庭能源控制器（Home Energy Controller, HEC）

最优能量调度（Optimal Energy Dispatch, OED）

第九章

毫秒精准负荷预测（Millisecond Accurate Load Forecasting, MALF）

5G 网络切片（5G Network Slicing, 5G NS）

能源存储可视化（Visualization of Energy Storage, VES）

电力指纹（Electric Fingerprint, EF）

能耗态势分析（Energy Consumption Situation Analysis, ECSA）

多源自治协同（Multi-energy Autonomy and Coordination, MeAC）

高并发能源交易平台（High-concurrent Energy Trading Platform, HcETP）

能源数字身份认证（Energy Digital Identity Authentication, EDIA）

本地设备自主决策（Equipment Independent Decision，EID）

网络整体能源效率（Overall Network Energy Rate，ONER）

分布式能源即插即用（Distributed Energy Plug and Play，DEPP）

城市云脑（City Cloud Brain，CCB）

能源互联微网（Micro Network of Energy Interconnection，MNEI）

能源币（ENRG）

售电市场模式（Electricity Sales Market Model，ESMM）